CRIPTOMONEDAS PARA PRINCIPIANTES

UNA GUÍA SENCILLA PARA DOMINAR LOS FUNDAMENTOS DEL BLOCKCHAIN, INVERTIR EN ACTIVOS DIGITALES COMO UN EXPERTO Y CONSTRUIR RIQUEZA CON ESTRATEGIAS FISCALES VENTAJOSAS

MODERNMIND PUBLICATIONS

ÍNDICE

Aviso legal:

La información proporcionada en este libro tiene fines exclusivamente educativos y no debe considerarse asesoramiento financiero, de inversión, legal ni fiscal. Los mercados de criptomonedas son impredecibles y toda inversión conlleva riesgos inherentes. El autor y la editorial no garantizan la exactitud, integridad ni actualidad de la información proporcionada. Los lectores deben realizar su propia investigación y consultar con un asesor financiero cualificado, así como con profesionales legales y fiscales, antes de tomar cualquier decisión de inversión. El autor y la editorial no se hacen responsables de ninguna pérdida financiera derivada del uso de la información contenida en este libro. El rendimiento pasado no es indicativo de resultados futuros, y toda inversión conlleva incertidumbre.

INTRODUCCIÓN

¿Recuerdas enero de 2021? Bitcoin alcanzó los 40.000 dólares por primera vez. La noticia estaba en todas partes. Tu primo, que nunca hablaba de dinero, de repente se convirtió en un "experto" en criptomonedas. Tu compañero de trabajo renunció a su empleo para dedicarse al comercio a tiempo completo. Tu madre preguntó si debería comprar "algo de ese dinero de internet". El FOMO era real.

Bitcoin siguió subiendo hasta casi 65.000 dólares en abril. Ethereum se disparó. Luego llegaron las monedas con nombre de perro, los JPEG con nombre de simio y los tokens con nombre de comida. La gente ganó dinero de la noche a la mañana. Los universitarios se hicieron millonarios. Gente normal dejó su trabajo.

"He perdido el tren", pensaste.

Entonces ocurrió lo de mayo de 2021. Crash. Bitcoin cayó más del 50 %. Ethereum cayó aún más fuerte. ¿Esas monedas meme? Diezmadas. Los cripto hermanos guardaron silencio. Los titulares de las noticias pasaron de historias de "Bitcoin millonario" a "Estalla la burbuja criptográfica". La gente que compró en la cima perdió sus ahorros. ¿El tipo que dejó su trabajo? Volvió a enviar currículos.

"Gracias a Dios que no me tiré", pensaste.

Avance rápido hasta 2022. Más dolor. Más caídas. El colapso de supuestas empresas criptográficas "blue chip". FTX implosionó. Luna desapareció. Celsius se congeló. La gente perdió millones. El criptoinvierno fue duro y parecía no tener fin.

"Estafa total", dijeron muchos.

Pero entonces ocurrió algo curioso en 2023. Bitcoin no murió. Ethereum tampoco. La tecnología siguió desarrollándose. Los constructores siguieron construyendo. Lejos de los focos, el ruido y el bombo, los cimientos se fortalecieron.

Luego llegó 2024. La victoria de Donald Trump en las elecciones estadounidenses de noviembre, unida a su apoyo público al criptoespacio, desencadenó otra oleada. Bitcoin batió su récord anterior. Ethereum despegó de nuevo (aunque no hasta un nuevo máximo histórico). Tu primo volvió a hablarte de criptomonedas.

"¿He perdido el tren... otra vez?", te preguntaste.

Ahora, estamos en marzo de 2025, y tú vuelves a estar confundido porque el mercado parece desplomarse, se recupera ligeramente y luego cae aún más. Entonces, ¿qué está pasando realmente?

He aquí la verdad: esto es normal en los mercados de inversión. El S&P 500 cae, luego se recupera y vuelve a caer. Quizá no tan drásticamente como las criptomonedas, pero no hay estafa ni bote que perder. Esa caída es la que hace sitio a la recuperación y a las nuevas ganancias. Si el mercado nunca cayera y siempre subiera, todos los días serían el día de la marmota y la inversión en criptomonedas no sería divertida. Tampoco existiría.

He aprendido que no importa si los precios suben o bajan hoy. Saber lo que realmente está pasando debajo de los gráficos de precios es más importante. La criptomoneda no es una oportunidad única que viene y se va. Tiene un valor real y está aquí para quedarse.

Después de ver lo que ha pasado en los últimos años, nunca he estado más entusiasmado con las criptomonedas. Ahora me da vértigo cuando el mercado de criptomonedas cae y los inversores inexpertos con un estómago débil entran en pánico y venden todos sus activos. Porque sé que va a subir de nuevo, y esa es mi oportunidad para comprar más con descuento.

Lo que hace diferente a este libro es que yo he estado donde tú estás. He cometido errores. He sentido el aguijón de las pérdidas. Y he encontrado un camino mejor que no requiere suerte ni sincronización con el mercado.

Como fundador de ModernMind Publications e ingeniero de formación, he pasado años inmerso en los espacios de la tecnología y las criptomonedas investigando, invirtiendo y ayudando a enseñar temas técnicos complejos de forma clara, práctica y accesible para todos. Este libro destila lo que he aprendido en una guía clara y práctica para cualquiera que quiera construir una comprensión real en este espacio.

Este no es otro libro de criptomonedas llamativo que promete "las altcoins más calientes de 2025" o "obtener 1.000.000 % de retorno en 6 meses". Esos libros existen. Puede que los quieras. Pero no te enseñarán un éxito duradero. Podrías tener suerte una vez, luego perderlo todo, o dejar las criptomonedas porque te parecen "demasiado volátiles". Este libro trata de enseñarte cómo invertir inteligentemente a largo plazo para que realmente puedas llegar a donde quieres ir.

Muchas personas evitan las criptodivisas porque les parecen complejas y llenas de demasiados tecnicismos difíciles de entender. El mercado de las criptomonedas y sus inversores tiene su propio lenguaje con términos que también alejan a la gente. ¿Cómo cribar a través del mar de acrónimos como HODL y DYOR (aprenderás lo que significan) para incluso entender qué inversiones hacer? Este libro lo simplifica todo. No solo aprenderás a invertir de forma inteligente, sino que también explorarás estrategias fiscalmente eficientes para aumentar y proteger tu patrimonio.

Así que si alguna vez has pensado: "Es demasiado tarde para mí" o "Quiero hacerlo, pero voy a perder todo mi dinero", he escrito este libro específicamente para ti.

¿Listo para el verdadero negocio? Este libro es tu guía para aprender y explorar los entresijos de la inversión en criptomonedas sin que te intimide ni te asuste. Tanto si eres nuevo en el mundo de la inversión como si sientes curiosidad por la tecnología blockchain, obtendrás los conocimientos y las herramientas necesarias para tomar decisiones de inversión acertadas. He consolidado todo lo que he aprendido en este libro para ti, para que no tengas que cometer los mismos errores caros que yo cometí o decirle a tu pareja que perdiste el fondo para la universidad de tu hijo.

Si eres nuevo en el mundo de las inversiones en criptomonedas, lo mejor es empezar poco a poco, aprender las reglas del juego y desarrollar una estrategia. Todo se desglosará en pasos claros, y cada capítulo se basará en el anterior para ofrecerte una base sólida de conocimientos sobre la que puedas actuar inmediatamente.

Comenzarás con los fundamentos de Bitcoin y la tecnología blockchain, y luego avanzarás a las principales criptomonedas como Ethereum y otras altcoins que están causando sensación. Aprenderás a almacenar activos de forma segura en la billetera adecuada, a elegir una plataforma de exchange para operar y a desarrollar estrategias que se ajusten a tus objetivos. Analizaremos cómo evaluar las criptomonedas y su tecnología para realizar inversiones inteligentes con el potencial de generar grandes beneficios a largo plazo. Incluso he incluido algunos consejos de ChatGPT para facilitarte el proceso. Abordaremos temas clave como tendencias, aspectos fiscales básicos y cómo mantenerte al día en este sector. Sí, es posible invertir legalmente en criptomonedas y reducir tus impuestos, incluso a cero en algunos casos.

Al final, tendrás una base sólida en la inversión en criptomonedas, una comprensión clara de cómo funciona la tecnología, y las estrategias necesarias para hacer inversiones inteligentes que te acerquen a tus objetivos financieros. El futuro de las finanzas y la inversión se está desarrollando delante de nuestros ojos y no querrás quedarte atrás.

Empecemos.

1 ORÍGENES DE LAS CRIPTOMONEDAS Y FUNDAMENTOS DE BLOCKCHAIN

Érase una vez, allá por 2010, un programador llamado Laszlo Hanyecz compró dos pizzas. Normalmente, a nadie le importaría que alguien comprara un par de pizzas, ¿verdad? Pero Hanyecz compró esas pizzas con 10.000 Bitcoins.

Hoy, esos mismos Bitcoins valdrían unos 850.000.000 dólares. No es una errata.

No fue una mala operación: el bitcoin no valía mucho y nadie sabía en qué se convertiría. Laszlo tampoco se arrepiente. "Creo que es estupendo haber formado parte de la historia temprana de Bitcoin", dijo más tarde. Es lo que tiene la historia. Nunca sabes cuándo la estás haciendo.

Aquella compra de pizza fue la primera vez que se utilizó Bitcoin para comprar algo en el mundo real: un momento que demostró que el dinero digital podía funcionar. Un experimento peculiar que sentó las bases para algo más grande.

¿Qué es exactamente la criptomoneda? ¿Qué importancia tiene? ¿Y cómo una moneda digital creada por un programador anónimo se ha convertido en una fuerza financiera mundial?

Todo empieza con **Bitcoin**.

Dónde empezó todo

Bitcoin no fue una idea surgida al azar. Fue una reacción. Una respuesta a un sistema financiero que había defraudado a millones de personas.

Volvamos a 2008, cuando el mercado inmobiliario estadounidense se desplomó. Los bancos habían estado repartiendo préstamos de riesgo como caramelos en un desfile porque eso significaba que podían ganar más dinero. La gente contrajo deudas que no podía permitirse. Cuando estalló la burbuja, todo se vino abajo. Las acciones se hundieron. Los bancos cerraron. Los gobiernos se apresuraron a arreglar el desaguisado, utilizando el dinero de los contribuyentes para rescatar a las mismas instituciones que lo habían provocado.

La gente estaba enfadada. El sistema financiero parecía roto.

En octubre de ese mismo año se publicó en Internet un libro blanco titulado "Bitcoin: A Peer-to-Peer Electronic Cash System" ("Bitcoin: Un sistema de efectivo electrónico entre pares"). Fue escrito por alguien bajo el nombre de Satoshi Nakamoto. ¿Era Satoshi Nakamoto una persona? ¿Un grupo? Nadie lo sabía.

¿La idea? Un nuevo tipo de dinero. Un tipo que no pudiera ser controlado por los gobiernos. Un sistema en el que las personas pudieran enviar y recibir pagos sin necesidad de que interviniera un banco u otro intermediario.

La descentralización, la transparencia y la seguridad son los principios básicos que la impulsan. Esto es lo que significa con más detalle:

- **Descentralización:** Tú controlas tu dinero. Con las criptomonedas, no necesitas el permiso de un banco para acceder a tus fondos o transferirlos. Nadie puede congelar tu cuenta ni decirte cómo gastar tu dinero.
- **Transparencia:** Puedes ver todo. Cada transacción de criptomoneda se registra en un libro mayor público. Tú mismo puedes verificar las transacciones en lugar de confiar en que los bancos mantengan registros precisos.

- **Seguridad:** Las transacciones no pueden alterarse. Construidas sobre un nuevo tipo de tecnología llamada blockchain, una vez verificadas las transacciones, cambiarlas es prácticamente imposible.

Además, algunas monedas son resistentes a la inflación. Los gobiernos pueden imprimir cantidades ilimitadas de dinero tradicional en un intento de estimular su economía. Aunque puede ser útil a corto plazo, esto diluye el valor de la moneda con el tiempo. Por el contrario, algunas criptomonedas (incluido Bitcoin) tienen una oferta fija. Esto las protege contra la inflación porque nadie puede crear más.

Bitcoin se lanzó oficialmente el 3 de enero de 2009, cuando se extrajo el primer bloque de Bitcoin, llamado Bloque Génesis. Oculto en su interior había un mensaje:

"*The Times 03/Jan/2009 Chancellor on brink of second bailout for banks.*"

("The Times 03/Ene/2009 Canciller al borde del segundo rescate a los bancos".)

Esto no era sólo una marca de tiempo. Era una declaración. Un dedo corazón a un sistema financiero que acababa de colapsar por su propio peso.

Para comprender mejor cómo funciona todo esto, vamos a desglosar la tecnología sobre la que se basa la criptomoneda.

La tecnología detrás de Bitcoin

Detrás de cada criptomoneda, encontramos una tecnología llamada blockchain. En esencia, una blockchain es exactamente eso: una blockchain. Esta cadena funciona como un libro de contabilidad distribuido, donde cada bloque es básicamente una colección de registros, como las transacciones.

Cada bloque se compone de tres elementos fundamentales:

- Una **marca de tiempo** (cuándo ocurrieron las transacciones).
- Los **datos de la transacción** (quién envió qué a quién).

- Un **hash criptográfico único** (piensa en él como una huella digital, ya que no hay dos bloques iguales).

Además, cada bloque almacena el hash del bloque anterior, lo que los enlaza en una secuencia documentada formando una cadena. Si alguien intenta alterar un bloque anterior, también tendría que recalcular y validar todos los bloques siguientes, lo que complica enormemente la manipulación y contribuye a la seguridad de la blockchain.

Blockchain opera en una red entre pares (P2P), donde varios participantes (conocidos como **nodos**) validan y almacenan datos. En resumidas cuentas, varias personas deben estar de acuerdo en que los datos de un bloque son válidos antes de que se añadan a la cadena. Este proceso se denomina **consenus mechanism (mecanismo de consenso)**, y todas las cadenas de bloques utilizan uno. Esta validación distribuida es lo que hace que la criptomoneda sea descentralizada. Nadie controla la blockchain ni decide qué transacciones son permitidas.

El mecanismo de consenso utilizado por la cadena de bloques de Bitcoin se llama Proof of Work (Prueba de Trabajo). Para entender mejor su funcionamiento, vamos a explicarlo en detalle.

El mecanismo de consenso Proof of Work

En Proof of Work (PoW), los mineros usan potentes computadoras para competir en la resolución de un complejo rompecabezas criptográfico. Este proceso se conoce como **hashing** y consiste en encontrar un hash válido (un hash criptográfico único) para un nuevo bloque.

Antes de que los mineros comiencen a trabajar, las transacciones de Bitcoin se difunden por la red y son validadas por **nodos completos**. Estos nodos verifican las transacciones cumpliendo con las reglas de consenso de Bitcoin (por ejemplo, asegurándose de que el remitente tiene fondos suficientes y de que las firmas son válidas).

Una vez validadas, estas transacciones van al **mempool** (una zona de espera para transacciones pendientes). Los mineros extraen transacciones del mempool y construyen un bloque candidato. Suelen dar prioridad a las transacciones con tasas más altas porque generan mayores recompensas.

Para validar el bloque candidato, los mineros deben probar repetidamente diferentes valores hash hasta hallar uno que cumpla el "objetivo de dificultad" de la red. Como cada bloque está vinculado al hash del bloque anterior, la dificultad de resolver el hash o el objetivo de dificultad aumenta a medida que la red crece. Este proceso de hashing requiere una gran potencia de cálculo debido a la inmensa cantidad de combinaciones de hash posibles. Además, consume mucha energía.

Cuando un minero encuentra un hash válido, difunde el bloque recién minado a la red. Luego, otros nodos verifican el bloque y sus transacciones (verifican que cumplen las reglas de consenso y que el PoW es válido).

Si el bloque es válido, se añade a la cadena de bloques y el minero recibe la recompensa del bloque (nueva criptomoneda acuñada) junto con las comisiones de transacción pagadas por los usuarios.

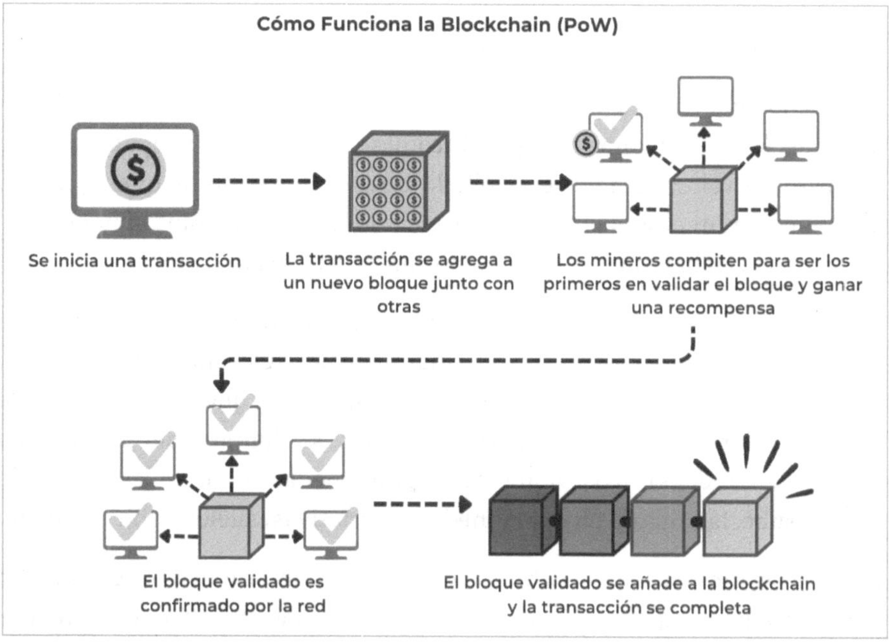

Proof of Work no es el único mecanismo de consenso que existe. Otras blockchains emplean diferentes mecanismos, como Proof of Stake (Prueba de Estaca, PoS), Delegated Proof of Stake (DPoS), Proof of Authority (PoA) y Proof of History (PoH), siendo Proof of Work y Proof of Stake los más comunes. Sin embargo, los conceptos básicos son similares para cada mecanismo: varios nodos deben validar las transacciones antes de que se añadan a la blockchain. En capítulos posteriores, hablaremos de otros mecanismos de consenso mientras exploramos otras cadenas de bloques.

La escasez y la reducción a la mitad de Bitcoin

Aproximadamente cada cuatro años, Bitcoin experimenta un evento de reducción a la mitad, en el que la recompensa por minar se reduce a la mitad. Esto significa que menos Bitcoins nuevos entran en circulación. Los datos históricos muestran que estas reducciones suelen provocar aumentos significativos en los precios debido a la reducción de la oferta. La última reducción a la mitad ocurrió el 20 de abril de 2024, reduciendo las recompensas mineras de 6.25 a 3.125 BTC por bloque. Se espera que la próxima reducción a la mitad ocurra alrededor del 17 de abril de 2028, aunque la fecha aún no está fijada.

La influencia duradera de Bitcoin

La tecnología blockchain ha evolucionado enormemente desde la introducción de Bitcoin. Aunque Bitcoin se considera principalmente un depósito de valor, se han desarrollado otras cadenas de bloques que han introducido numerosas innovaciones tecnológicas en el ámbito financiero y empresarial. Hablaremos de esto en profundidad a lo largo del libro.

Si la blockchain ha avanzado tanto desde que se introdujo Bitcoin, ¿por qué sigue siendo tan valioso? Bitcoin mantiene su relevancia debido a su suministro fijo de 21 millones de monedas, por lo que a menudo se le denomina "oro digital". A lo largo de los años, su dominio del mercado ha influido en todo el ecosistema de criptomonedas. Cuando el precio de Bitcoin sube, las altcoin (criptomonedas alternativas) suelen subir también.

En los próximos capítulos, hablaremos de otras criptomonedas, empezando por Ethereum y explorando posteriormente muchas más. Para comprender mejor por qué el mercado de las criptomonedas ha evolucionado como lo ha hecho, es importante considerar los retos que enfrenta la tecnología blockchain.

Retos y limitaciones de Blockchain

Estos son algunos de los obstáculos que el sector de las criptomonedas está tratando de superar:

- **Problemas de escalabilidad:** Las primeras cadenas de bloques creadas, como Bitcoin y Ethereum, solo pueden gestionar un número limitado de transacciones por segundo. Si consideramos que Visa y Mastercard pueden procesar miles en ese tiempo, este ha pasado a ser un problema significativo a medida que aumenta la adopción de las criptomonedas.
- **Incertidumbre normativa:** Los gobiernos de todo el mundo aún están definiendo los marcos legales para blockchain y las criptomonedas. Una normativa poco clara puede ralentizar su adopción y generar riesgos para las empresas.
- **Consumo de energía:** Las blockchains que utilizan el mecanismo PoW requieren un alto consumo eléctrico para validar las transacciones.
- **Barreras de adopción e integración:** Muchos sectores carecen de los conocimientos técnicos necesarios para implementar soluciones de blockchain. Las empresas deben sopesar costos, seguridad y factores normativos antes de adoptar blockchain.

La comunidad de las criptomonedas también cuenta con su propio conjunto de términos técnicos, abreviaturas y jerga. Para los principiantes, este lenguaje puede resultar abrumador. Sin embargo, es esencial conocerlo para reconocer esquemas fraudulentos y evitar estafas, tomar decisiones de inversión informadas, participar en debates sobre criptomonedas con expertos y traders, y comprender las prácticas de seguridad para proteger tus inversiones.

Cómo hablar cripto

Esta sección es tu curso intensivo de jerga criptográfica. Una vez que te familiarices con estos términos, podrás mantener conversaciones sobre criptomonedas, diferenciar buenas oportunidades de las malas y proteger tu dinero digital.

Centralized Exchanges, CEX (Bolsas centralizadas): Plataformas como Coinbase y Binance, que funcionan de manera similar a las bolsas de valores, emparejando compradores con vendedores. En ellas puedes depositar moneda corriente para comprar y vender criptomonedas. Son fáciles de usar, pero se requiere confiar los fondos a la empresa.

- **Decentralized Exchanges, DEX (Bolsas descentralizadas):** A menudo llamadas DEX, estas plataformas permiten el comercio directo entre usuarios sin intermediarios. Ofrecen más control, pero suelen ser más complejas para los principiantes (abordaremos los exchanges con más detalle en el Capítulo 5).
- **Hot Wallets (Monederos calientes):** Monederos digitales conectados a Internet. Son convenientes para transacciones frecuentes, pero menos seguros. Algunos ejemplos son MetaMask o TrustWallet.
- **Cold Wallets (Monederos fríos):** Dispositivos o software que mantienen tu criptodivisa almacenada fuera de la red. Son más seguros pero menos prácticos para el uso diario. Las opciones más populares son Ledger o Trezor.
- **Public Key (Clave pública):** Tu dirección de criptomoneda, similar a un número de cuenta. Es seguro compartirla con otras personas.
- **Private Key (Clave privada):** La clave que da acceso a tu criptomoneda. Nunca la compartas con nadie.
- **Seed Phrase (Frase semilla):** Una serie de 12–24 palabras que pueden restaurar el acceso a tu wallet si tu dispositivo se pierde o se daña. (Las wallets y la seguridad se tratarán en detalle en el Capítulo 4).

Jerga de la criptocomunidad

- **HODL:** Mantener tu criptomoneda a largo plazo, independientemente de las fluctuaciones de precios. Originalmente un error tipográfico de "hold" que se convirtió en terminología estándar.

- **FOMO:** Fear Of Missing Out (miedo a perderse algo). comprar criptodivisas porque los precios están subiendo y no quieres perderte los beneficios potenciales.
- **Whale (Ballena):** Alguien que posee suficientes criptomonedas como para influir potencialmente en los precios del mercado con sus transacciones.
- **DYOR:** Do Your Own Research (haz tu propia investigación). Un recordatorio de hacer la tarea antes de invertir.
- **Pump and Dump:** Un esquema en el que se infla artificialmente el precio de una criptomoneda antes de vender para luego verlo caer rápidamente.
- **BTC:** Bitcoin
- **ETH:** Ethereum
- **NFT**: Non-Fungible Token (activos digitales únicos)
- **DeFi:** Finanzas descentralizadas (aplicaciones financieras sin intermediarios tradicionales)
- **ATH:** All-Time High (el precio más alto que un activo ha alcanzado)

Transacción criptográfica: Ejemplo real

Veamos cómo funciona en la práctica:

1. **Casey compra Bitcoin en Binance.** Se conecta, compra 0,01 BTC, que permanece en su cuenta de exchange.
2. **Casey transfiere Bitcoin a su Trust Wallet.** Copia su dirección de Trust Wallet, la introduce en el formulario de retiro de Binance y completa la transferencia.
3. **Drew quiere Bitcoin, comparte su dirección.** Drew, amigo de Casey, envía su public key.
4. **Casey envía el Bitcoin.** Abre Trust Wallet, selecciona "enviar", introduce la dirección de Drew y la cantidad (0,01 BTC), y confirma. La transacción incluye una pequeña comisión de red.
5. **Los mineros de Bitcoin procesan la transacción** y la verifican, añadiéndola a la blockchain.
6. **Drew recibe el Bitcoin**. Los 0,01 BTC aparecen en su wallet.

Desde los primeros días de Bitcoin hasta la industria actual, que mueve billones de dólares, estos principios básicos de las transacciones permanecen inalterados.

En el próximo capítulo, vamos a profundizar en cómo Ethereum se construye sobre las bases de Bitcoin y por qué se ha convertido en una de las plataformas más influyentes en el espacio criptográfico.

2 ETHEREUM: UNA NUEVA VISIÓN DE BLOCKCHAIN

Después de introducir el dinero digital descentralizado con Bitcoin, la "revolución blockchain" estaba en marcha. Pero para algunos, eso era solo el principio.

En 2013, un joven Vitalik Buterin de 19 años tuvo una revelación. Bitcoin era increíble, pero limitado.

"¿Y si la blockchain pudiera hacer algo más que enviar dinero?", se preguntó.

Vitalik imaginó una computadora completa que funcionara con la blockchain. La idea era tan prometedora que atrajo a mentes brillantes que creían en su visión para trabajar en su proyecto. Gavin Wood, Charles Hoskinson, Joseph Lubin y otros unieron sus fuerzas para convertir el concepto en realidad. Y así nació Ethereum.

Recaudaron fondos a través de una de las primeras grandes ventas masivas de criptomonedas en 2014. Los primeros partidarios compraron Ether (el token nativo de Ethereum) con Bitcoin, recaudando unos 18 millones de dólares en Bitcoin.

Ethereum se lanzó finalmente el 30 de julio de 2015. Su blockchain admite una amplia gama de funciones que permiten interacciones más complejas que las simples transacciones. Esta flexibilidad ha convertido a Ethereum en una de las criptomonedas más adoptadas, sirviendo de base para muchas innovaciones en el espacio blockchain.

¿La salsa secreta? **Los smart contracts (contratos inteligentes)**.

Los smart contracts cambiaron por completo el juego. Pero antes de que pudieran implantarse a mayor escala, el equipo de Ethereum se dio cuenta de que la blockchain necesitaba una actualización importante.

Evolución de la infraestructura de Ethereum

A medida que la popularidad de Ethereum aumentaba, también lo hacían las preocupaciones sobre su escalabilidad y consumo de energía. Al igual que Bitcoin, Ethereum comenzó utilizando un mecanismo de consenso Proof-of-work. Recuerde que el proceso de minería PoW es lento, consume mucha energía y resulta costoso.

Además del alto consumo energético, muchas operaciones mineras dependen de fuentes como el carbón, lo que ha generado preocupaciones legítimas sobre su impacto ambiental. Este modelo también ha causado tensiones locales en algunas regiones debido a la presión sobre los recursos naturales.

Algunas operaciones mineras en Kazajistán y Rusia dependen de centrales eléctricas de carbón que incrementan las emisiones de carbono. En regiones como Sudamérica, la minería ilegal ha causado deforestación y destrucción de hábitats.

Por estas razones, el equipo de Ethereum concluyó que era necesaria una solución diferente.

La bifurcación de Ethereum 2.0: de PoW a PoS

Ethereum dio mucho de qué hablar cuando decidió cambiar su mecanismo de consenso por uno más eficiente: el **Proof of Stake**, o PoS, implementado con "The Merge" en 2022.

PoS funciona de manera distinta a Proof of Work, aunque el objetivo sigue siendo el mismo: validar transacciones, crear nuevos bloques y asegurar la red.

A diferencia de PoW, en PoS no hay rompecabezas que resolver ni computadoras consumiendo energía constantemente. En su lugar, los **validadores** reemplazan a los mineros.

¿Y cómo se convierte uno en validador? Apostando (o bloqueando) una cantidad de criptomonedas como garantía. Cuanto mayor sea el monto apostado, más posibilidades de ser elegido para validar el próximo bloque.

Una vez seleccionado, el validador revisa que todas las transacciones del bloque sean legítimas. Si todo está en orden, lo transmite a la red. Luego, otros nodos confirman esa validación, y el bloque se añade a la cadena.

A cambio, el validador recibe recompensas: ya sea comisiones por transacción o nuevas criptomonedas, según el diseño de la red.

Este cambio no resolvió todos los problemas de Ethereum, pero fue un paso enorme. Las comisiones aún pueden ser altas y la capacidad de la red sigue siendo limitada. Pero la fusión redujo su consumo energético en un 99,5 %, y sentó las bases para un futuro más escalable. Y gracias a eso, los smart contracts por fin pudieron brillar.

Automatización de transacciones y procesos con smart contracts

Desde el principio, Ethereum fue diseñada para ser más que un simple libro contable. El equipo creó una máquina virtual capaz de ejecutar cualquier programa lógico: la Máquina Virtual Ethereum, o EVM.

La EVM permite a los desarrolladores escribir y ejecutar smart contracts. Estos contratos permiten a cualquiera crear aplicaciones completas que funcionan sin la necesidad de bancos, procesadores de pagos ni plataformas corporativas. Eso no es todo, estas aplicaciones operan de manera autónoma. No hay servidores que mantener ni empresas que puedan cerrar su cuenta, ni procesadores de pagos que cobren comisiones por cada transacción.

La verdadera magia ocurre cuando estos contratos se conectan para formar ecosistemas enteros. Plataformas de préstamos donde se puede obtener dinero sin la intermediación de un banco. Mercados donde los artistas venden directamente a sus seguidores sin que las plataformas retengan un

30 % de las ganancias. Juegos en los que su espada digital o terreno son verdaderamente suyos, y puede venderlos o alquilarlos a otros jugadores por dinero real. ¿Quiere vender su casa? Un smart contract puede mantener el dinero en custodia, verificar la transferencia del título y liberar el pago de inmediato. Todo esto, incluso a las 3 de la mañana de un domingo, si es cuando se cierra el trato.

Veamos un ejemplo real para entender cómo funciona:

Un sencillo contrato de custodia en acción

1. Lena quiere comprar la obra digital de Kai.
2. Utiliza un smart contract como fideicomiso.
3. Lena envía 1 ETH a la dirección del contrato.
4. El código del contrato registra: Lena depositó 1 ETH por la obra de arte de Kai.
5. Kai confirma este depósito en la blockchain.
6. Kai envía a Lena la ficha de la obra de arte digital.
7. El contrato verifica la recepción: Kai envió obras de arte a Lena.
8. El contrato libera automáticamente 1 ETH a Kai.

Cada paso es:

- Verificado por varios nodos de la red.
- Registrado de forma permanente.
- Visible para ambas partes.
- Automático, una vez se cumplan todos los requisitos.

En resumen, Ethereum tomó los principios básicos de Bitcoin —descentralización, seguridad y transparencia— y los expandió a una blockchain completamente programable.

Tendencias de adopción de smart contracts

Diversos actores de múltiples sectores han reconocido el valor de los smart contracts. La tecnología se está utilizando para transformar procesos existentes en las finanzas, el arte y otras áreas de negocio:

- **Expansión de DeFi**: Los smart contracts eliminan a los bancos de los préstamos y créditos.
- **Integración de NFT:** Los smart contracts gestionan la propiedad, el comercio y la distribución de regalías para activos digitales como arte, música y tarjetas de intercambio.
- **Adopción corporativa:** Las empresas están explorando los smart contracts para automatizar la cadena de suministro, hacer seguimiento del cumplimiento y optimizar diversas tareas de negocio.

CÓMO SE UTILIZAN LOS SMART CONTRACTS

He aquí algunas aplicaciones industriales específicas:

Inmobiliario

Comprar o vender una propiedad siempre ha sido una tarea prolongada, con múltiples intermediarios, papeleo legal y procedimientos de verificación. Todos conocemos lo tedioso que puede ser. Los smart contracts automatizan estas transacciones:

- Automatización de las transferencias de propiedad una vez que se ha compensado el pago.
- Eliminación de la necesidad de bancos, agentes de plica y agentes inmobiliarios.
- Facilitar la transparencia y prevenir el fraude mediante registros permanentes en blockchain.

Con los smart contracts, las transacciones inmobiliarias pueden cerrarse en minutos en lugar de semanas, y además resultan más económicas.

Gestión de la cadena de suministro

Las cadenas de suministro actuales son complicadas y a menudo enfrentan obstáculos. Los productos se dañan, se etiquetan mal, se pierden o se roban. Los smart contracts proporcionan un registro claro que rastrea cada etapa del recorrido de un producto desde la fábrica hasta la venta:

- Automatización de la tramitación de pedidos y pagos al confirmarse la entrega.
- Seguimiento en tiempo real de los envíos.
- Verificación digital del origen de los productos.

Ejemplo: Walmart se asoció con IBM para hacer un seguimiento de los alimentos y reducir los riesgos de contaminación.

Seguros

¿Alguna vez has presentado una reclamación al seguro y has tenido que esperar una eternidad? ¿Y luego la impugnan y se niegan a pagar? Las reclamaciones de seguros tradicionales suelen ser problemáticas. Los smart contracts aceleran el proceso:

- Comprobación instantánea de siniestros mediante datos almacenados en blockchain.
- Pago automático cuando se cumplen las condiciones de la póliza.
- Reducción del riesgo de fraude registrando todas las reclamaciones en la blockchain.

Por ejemplo, un seguro de retraso de vuelo que utilice smart contracts puede activar pagos automáticos una vez que los datos de vuelo en tiempo real confirmen un retraso.

Sanidad

Todos hemos visto series policíacas donde unos hackers se apoderan de las computadoras de un hospital, inyectan malware y exigen un rescate. Aunque suena extremo, los ciberataques a hospitales ocurren más de lo que pensamos.

Los historiales médicos son un tesoro para los hackers, con identidades, detalles financieros y datos sanitarios privados. Una filtración puede resultar en robos de identidad, cuentas bancarias vacías o tratamientos médicos falsos. Proteger esta información es complicado.

Los smart contracts ayudan:

- Almacenamiento seguro y acceso controlado a los historiales de los pacientes.
- Permitir a los pacientes otorgar o revocar acceso sin intermediarios.
- Automatización de la facturación y tramitación de seguros basada en procedimientos médicos verificados.

Con la privacidad de datos basada en blockchain, los proveedores de salud pueden aumentar la seguridad y compartir datos sin problemas entre hospitales e instituciones de investigación. El gobierno de Estonia ha incorporado historiales médicos basados en blockchain a su sistema sanitario.

Identidad digital

El robo de identidad y las violaciones de datos son problemas crecientes. Muchos de nosotros almacenamos información personal en varias cuentas en línea. Blockchain ofrece una manera descentralizada de verificar identidades sin depender de bases de datos centrales.

- Proporciona verificación de identidad segura e inalterable.
- Reduce el riesgo de fraude al permitir que los usuarios controlen sus propias credenciales.
- Elimina las contraseñas mediante autenticación criptográfica.

Con los sistemas de identidad basados en blockchain, las personas pueden verificar su identidad para servicios bancarios, de salud y en línea sin exponer datos personales sensibles.

El proyecto ION de Microsoft muestra cómo la identidad descentralizada puede asegurar inicios de sesión y verificaciones sin terceros.

Finanzas y banca

Blockchain agiliza las transacciones financieras ofreciendo una alternativa descentralizada y transparente.

- Permite pagos transfronterizos instantáneos sin necesidad de aprobación por parte de terceros.

- Reduce los costes de transacción al eliminar intermediarios bancarios que cobran comisiones elevadas.
- Aumenta la seguridad con registros de transacciones encriptados e inalterables.

Con las finanzas basadas en blockchain, particulares y empresas pueden enviar y recibir dinero de manera más eficiente, reduciendo su dependencia de los bancos tradicionales.

Caso práctico: Cómo Blockchain transformó la banca global en JPMorgan Chase

JPMorgan Chase es un gigante de las finanzas mundiales, gestionando más de 3,2 billones de dólares en activos y sirviendo a millones de clientes en todo el mundo. Sin embargo, incluso este titán de la banca inicialmente veía blockchain con profundo escepticismo.

En 2017, el CEO Jamie Dimon calificó a Bitcoin de "fraude" y amenazó con despedir a cualquier empleado que comerciara con criptomonedas. "Es peor que los bulbos de tulipán", dijo, refiriéndose a la infame burbuja de tulipanes del siglo XVII.

Sin embargo, el equipo técnico de JPMorgan ya estaba explorando el potencial de blockchain. Vieron algo que la dirección del banco tardaría más en admitir: aunque los valores de las criptomonedas podían fluctuar drásticamente, la tecnología blockchain ofrecía ventajas revolucionarias para las operaciones bancarias tradicionales.

En 2018, JPMorgan dio un giro de 180 grados. El banco lanzó su Centro de Excelencia Blockchain, con más de 200 desarrolladores explorando aplicaciones tecnológicas.

Su investigación identificó varios puntos débiles en la banca internacional:

- Los pagos transfronterizos solían tardar entre 3 y 5 días laborables en liquidarse.
- Cada transacción pasaba por múltiples bancos, cada uno cobrando comisiones.

- Los procesos de liquidación necesitaban amplia conciliación y verificación manual.
- Las empresas se enfrentan a costos significativos y riesgos de cambio de divisas.
- A menudo era más que complicado seguir el estado de los pagos hasta su finalización.

Estas ineficiencias costaban a los clientes empresariales de JPMorgan miles de millones al año en comisiones, retrasos y riesgos cambiarios.

En febrero de 2019, JPMorgan anunció JPM Coin, convirtiéndose en el primer gran banco estadounidense en crear una moneda digital representando dinero fiduciario. A diferencia de las criptomonedas públicas, JPM Coin se ejecuta en Quorum, una blockchain desarrollada por JPMorgan (posteriormente vendida a ConsenSys para un uso corporativo más amplio).

Así es como funciona JPM Coin:

1. Un cliente de JPMorgan deposita dólares estadounidenses en una cuenta designada.
2. JPMorgan emite una cantidad equivalente de JPM Coins en la blockchain Quorum.
3. Los clientes usan estos tokens para realizar pagos instantáneos a otros clientes de JPMorgan.
4. Los destinatarios pueden canjear los tokens por dólares estadounidenses en JPMorgan.
5. Los tokens se destruyen una vez canjeados, manteniendo una paridad de 1:1 con el dólar.

Este sistema crea un circuito cerrado de transferencia de valor digital dentro de la red de clientes institucionales de JPMorgan.

En 2023, JPMorgan informó del procesamiento de cientos de miles de millones de dólares en transacciones a través de diversas iniciativas de blockchain, incluyendo JPM Coin y su plataforma Onyx (ahora Kinexys). El sistema ahora admite múltiples monedas y atiende a clientes en más de 100 países. Entre los beneficios concretos:

Dramáticas mejoras de velocidad:

- Las liquidaciones internacionales se completan en menos de 10 minutos en lugar de 3–5 días.
- Operación 24/7 que permite transacciones durante fines de semana y festivos.
- El seguimiento del pago en tiempo real muestra el estado de la transacción en cada paso.

Reducción de costes:

- Reducción del 80 % de los costes de procesamiento de transacciones.
- Eliminación de las comisiones por correspondencia bancaria.
- Reducción de los gastos de cambio de divisas.
- Menores costes de cumplimiento y conciliación.

Seguridad reforzada:

- Los registros de transacciones inmutables impiden cambios no autorizados.
- Los datos cifrados de las transacciones protegen la información financiera confidencial.
- La automatización de los smart contracts reduce los errores humanos.
- Los permisos especializados garantizan un control de acceso adecuado.

Expansión del negocio:

- Capacidad para servir a mercados más pequeños que antes no eran rentables debido a las limitaciones de la infraestructura bancaria.
- Nuevos productos financieros basados en la infraestructura blockchain.
- Mejores servicios de tesorería para empresas multinacionales.

Adopción generalizada e inversión institucional

Como se puede observar en el ejemplo de JPMorgan Chase, blockchain encaja perfectamente en el mundo empresarial. Las empresas siempre buscan soluciones más rápidas y económicas para mejorar su cuenta de resultados, y la tecnología blockchain ofrece justamente eso.

Con este rápido crecimiento, la inversión en criptodivisas ha transicionado de ser un nicho a una estrategia financiera dominante. Pero también explica por qué la inversión en criptodivisas aún está en pañales. Estas innovaciones tecnológicas apenas empiezan a ser adoptadas por instituciones más grandes, con mucho espacio aún para crecer.

Los smart contracts serán esenciales para las transacciones digitales modernas a medida que las redes blockchain mejoren la escalabilidad, la seguridad y el reconocimiento legal.

Retos y consideraciones en la adopción de smart contracts

A pesar de sus ventajas, los smart contracts aún enfrentan obstáculos que deben abordarse para que su adopción generalizada sea factible.

Vulnerabilidades del código y riesgos para la seguridad

A diferencia de los contratos tradicionales, los smart contracts no pueden modificarse fácilmente una vez desplegados. Los errores o fallos en el código pueden dar lugar a exploits y pérdidas económicas.

El hackeo de ByBit de 2025 fue un ejemplo paradigmático de vulnerabilidad en un contrato inteligente que resultó en el robo de 1.500 millones de dólares de Ethereum por parte del colectivo de hackers norcoreano The Lazarus Group.

La auditoría y las pruebas rigurosas son cruciales para evitar brechas de seguridad. Los desarrolladores de blockchain deben minimizar los riesgos probando exhaustivamente la validación de los smart contracts antes de su despliegue.

Incertidumbre jurídica y retos normativos

Aunque los smart contracts automatizan los acuerdos, los sistemas jurídicos globales aún no los reconocen plenamente como contratos ejecutables.

Los enfoques respecto a la legalidad de los smart contracts y la resolución de conflictos varían entre jurisdicciones. Los marcos normativos aún están en desarrollo, lo que requiere diálogo entre desarrolladores, expertos legales y responsables políticos.

Para que los smart contracts se conviertan en herramientas jurídicas generalizadas, los gobiernos deben establecer lineamientos más claros sobre su aplicación y cumplimiento.

Integración con sistemas tradicionales

Muchas industrias aún dependen de infraestructuras heredadas que pueden no integrarse perfectamente con smart contracts basados en blockchain. La dependencia de las empresas en estos sistemas para mantener sus operaciones hace que el cambio sea complejo, lento y costoso.

Las organizaciones necesitan soluciones híbridas que permitan una integración gradual de las funciones de los smart contracts en sus sistemas actuales.

Escalabilidad

Los smart contracts pueden resultar caros y lentos cuando la blockchain subyacente está congestionada. Conforme más personas interactúan con aplicaciones en redes como Ethereum, las comisiones por transacción pueden dispararse y los tiempos de procesamiento aumentar, especialmente durante periodos de alta demanda. Es similar a intentar transmitir contenido de video en varios dispositivos a la vez con una conexión de Internet limitada: todo se ralentiza cuando demasiados usuarios compiten por el mismo ancho de banda.

Las redes de nivel 2 (como Arbitrum, zkSync y Optimism) buscan resolver este problema procesando transacciones fuera de la cadena principal y liquidándolas después. Esto hace que las interacciones con smart contracts sean más rápidas y asequibles.

Sin embargo, estas soluciones de escalabilidad aún requieren una adopción más amplia, mejores interfaces de usuario y una integración perfecta con las aplicaciones existentes para que puedan resolver completamente el cuello de botella de la escalabilidad del blockchain.

A medida que los smart contracts se sofisticarán más, servirán como base para una economía digital más eficiente, transparente e interconectada.Este cambio ya está desarrollándose a través de tecnologías como Web3, DeFi y los NFTs, todos operando mediante smart contracts.

Web3 y la descentralización de la propiedad digital

Web3 es la evolución siguiente de Internet, diseñada para operar con tecnología de blockchain, promoviendo una estructura descentralizada y un uso más controlado por el usuario. Web3 busca disminuir la dependencia de plataformas centralizadas (como Google, Facebook o Amazon), otorgando a los usuarios mayor control sobre sus datos, identidad y activos digitales.

Comparemos Web3 con las fases anteriores de Internet:

- **Web1 (década de 1990-principios de la década de 2000):** Páginas web estáticas de solo lectura.
- **Web2 (mediados de la década de 2000-actualidad):** Interactiva, impulsada por las redes sociales, pero controlada por plataformas centralizadas.
- **Web3 (en desarrollo):** Descentralizada, basada en blockchain, enfocada en la propiedad y autonomía del usuario.

Además de los smart contracts y la descentralización, estas son otras características clave de Web3:

- **Propiedad del usuario:** Las personas pueden poseer activos digitales (como criptomonedas, smart contracts o nombres de dominio) sin requerir la gestión de un tercero.
- **Economía basada en tokens:** Muchas plataformas Web3 utilizan criptomonedas o tokens para incentivar la participación y gobernar las redes.
- **Privacidad y seguridad:** Los usuarios pueden interactuar con aplicaciones Web3 mediante wallets criptográficos en lugar de iniciar sesión con datos personales.

Aunque aún se encuentra en sus primeras etapas, su impacto ya se percibe en sectores como las finanzas, los juegos, la creación de contenidos y la identidad digital.

¿Qué es la financiación descentralizada (DeFi)?

DeFi no es simplemente una alternativa a la banca tradicional; revoluciona completamente el funcionamiento de los sistemas financieros en su totalidad. A diferencia de instituciones como JP Morgan Chase, que integran la tecnología blockchain para mejorar la eficiencia mientras mantienen un control centralizado, DeFi elimina por completo estas entidades.

Utiliza smart contracts para realizar servicios financieros como préstamos, operaciones comerciales y préstamos a través de código, no de personas. Todo es abierto y automatizado. Los usuarios no necesitan la aprobación de un banco: interactúan directamente con el sistema, y aspectos como las tasas de interés o la aprobación de préstamos se determinan mediante reglas integradas en el código y la actividad del mercado en tiempo real.

Los engranajes de la rueda DeFi

Para comprender cómo funciona DeFi en la práctica, es útil examinar las partes principales que componen el sistema. Estas son las herramientas y plataformas que impulsan el enfoque abierto y automatizado de las finanzas DeFi.

Exchanges descentralizados

Las plataformas DeFi utilizan lo que se conoce como pools de liquidez automatizados para permitir a las personas comerciar con criptomonedas sin necesidad de un comprador y un vendedor tradicionales para cada operación. En lugar de emparejar directamente a dos personas, los usuarios comercian con un conjunto de tokens proporcionados por otros usuarios. Estos fondos son gestionados por smart contracts que ajustan automáticamente los precios según la oferta y la demanda. Esta configuración hace que el comercio sea más rápido y sencillo, incluso para los tokens más nuevos o menos populares.

A diferencia de los mercados bursátiles tradicionales, gestionados por grandes empresas financieras, los decentralized exchanges permiten a cualquiera operar directamente desde su wallet, sin necesidad de registrarse ni solicitar aprobación. Este sistema, conocido como creación automatizada de mercado (AMM, por sus siglas en inglés), mantiene las operaciones rápidas y líquidas.

Protocolos de préstamo y empréstito

Servicios como Aave y Compound ofrecen préstamos entre pares. Los usuarios depositan criptomonedas en fondos de liquidez y obtienen intereses, mientras que los prestatarios solicitan préstamos respaldados por garantías. Las tasas de interés se ajustan dinámicamente en función de la oferta y la demanda. A diferencia de los bancos tradicionales, que requieren comprobaciones de crédito e intermediarios, los préstamos DeFi se ejecutan automáticamente, utilizan garantías y están disponibles para cualquier persona en todo el mundo.

Stablecoins y pagos descentralizados

Criptomonedas como DAI de MakerDAO, USDC (USD Coin) y USDT (Tether) ofrecen alternativas descentralizadas a las monedas fiduciarias. El dinero almacenado en cuentas bancarias puede estar congelado, restringido o sujeto a políticas inflacionarias. Las stablecoins permiten a los usuarios realizar transacciones globales con liquidaciones más rápidas, comisiones más bajas y menos barreras regulatorias.

Yield Farming y Liquidity Provision

Los inversores pueden ganar dinero añadiendo sus criptomonedas a un pool de negociación. A cambio, obtienen intereses y, en ocasiones, tokens de gobernanza que les permiten opinar sobre la gestión de la plataforma. Esto difiere de las cuentas de ahorro tradicionales, que ofrecen tasas de interés fijas y, a menudo, bajas.

Ejemplo: Yearn.Finance es un servicio que automatiza las estrategias de cultivo de rendimientos, optimizando los rendimientos mediante el movimiento de fondos entre plataformas DeFi de alto rendimiento. Esto reduce la complejidad y hace que DeFi sea más accesible para los inversores pasivos.

Activos sintéticos y derivados

Plataformas como Synthetix permiten a los usuarios negociar con activos sintéticos que reflejan el valor de acciones, materias primas y otros activos sin poseer el activo subyacente. Esto contrasta con los mercados de derivados centralizados, donde los agentes y las cámaras de compensación actúan como intermediarios.

Como puedes ver, DeFi ofrece ventajas que lo diferencian de los sistemas financieros tradicionales, como oportunidades de alto rendimiento, soberanía financiera y acceso a nuevos mercados. Ofrece a los usuarios la plena propiedad de sus activos. Sin gobiernos. Sin bancos. Ninguna de sus normas o restricciones.

DeFi también abre nuevas oportunidades de inversión, permitiendo a los participantes involucrarse en criptopréstamos, activos sintéticos y productos de seguros descentralizados. Esto nivela el campo de juego, ya que estos mercados suelen estar tradicionalmente cerrados al inversor minorista medio.

Riesgos en DeFi

Por muy emocionante que suene todo esto, la descentralización también conlleva riesgos. Los usuarios deben proteger activamente sus activos. Como las aplicaciones DeFi funcionan con tecnología de smart contracts, se aplican los mismos riesgos:

- **Vulnerabilidades del código:** Los fallos en el código de los smart contracts pueden provocar brechas de seguridad y pérdidas económicas.
- **Incertidumbre normativa:** Los organismos reguladores de todo el mundo aún estudian cómo integrar la tecnología DeFi en los marcos jurídicos.

Para hacer frente a estos riesgos, los usuarios deben:

- **Plataformas de investigación y auditorías:** Verificar las auditorías de seguridad de empresas de confianza antes de invertir.

- **Diversificar las inversiones:** Evitar poner todos los fondos en un único protocolo para minimizar el riesgo.
- **Utilizar hardware wallets:** Almacenar activos en una cold wallet para mayor seguridad.
- **Mantenerse al día sobre la normativa:** Supervisar los cambios legales para evitar problemas de cumplimiento.
- **Cuidado con la pérdida impermanente:** Comprender cómo la provisión de liquidez afecta al valor de los activos a lo largo del tiempo.

Hacia dónde se dirige DeFi

DeFi empieza a llamar la atención de los actores institucionales y las empresas financieras tradicionales. Esto es lo que está ocurriendo:

- **Inversión institucional:** Los hedge funds y las grandes instituciones financieras exploran cada vez más DeFi para estrategias de préstamo, empréstito y rendimiento.
- **Adopción por las instituciones financieras tradicionales:** DeFi ya no opera de forma aislada. Muchos proyectos están tendiendo puentes entre la criptomoneda y la banca tradicional.
- **Expansión a otras blockchains:** Aunque Ethereum sigue siendo el centro dominante de DeFi, redes como Solana, Avalanche y Polkadot están surgiendo como alternativas.
- **Mejoras de la privacidad:** Se están desarrollando sistemas de identidad descentralizada (DID) y pruebas de conocimiento cero para mejorar la seguridad.

Los smart contracts y los principios de descentralización, transparencia y propiedad digital que impulsan DeFi también están alimentando la popularidad de uno de los rincones más curiosos y salvajes del mundo de las criptomonedas: los tokens no fungibles (NFT).

NFTs: No sólo imágenes bonitas

¿Recuerdas cuando coleccionabas cromos de béisbol? ¿O ese momento en que encontrabas aquel raro novato de Ken Griffey Jr.? O, si creciste en los años 90, ¿cuando buscabas a la Princesa Osa en un quiosco mientras tu madre hacía cola en el centro comercial? Las NFT traen esa misma emoción, con la diferencia de que todo es digital.

NFT significa "Non-Fungible Token". Suena técnico, pero no es más que una prueba digital de que posees algo que nadie más puede reclamar. La blockchain registra tu propiedad de manera permanente. Lo que posees sigue siendo tuyo. Nadie puede eliminar tu propiedad haciendo clic con el botón derecho del ratón.

¿Qué puede ser una NFT? Prácticamente cualquier cosa digital:

Juegos

Las NFT han revolucionado el mundo del gaming. Antes, comprabas una skin de 20 dólares en Fortnite, pero Epic Games seguía siendo el propietario. No podías venderla ni llevarla a otro juego.

Los juegos con NFT cambiaron eso. Ahora tú eres el PROPIETARIO de tus cosas.

En Axie Infinity, los jugadores crían extraños monstruitos de los que son dueños absolutos. En Filipinas, muchas personas dejaron sus trabajos para jugar a esto durante el Covid. De verdad.

Gods Unchained te da cartas que puedes intercambiar o vender, al igual que las cartas físicas de Magic. Algunos jugadores se ganan la vida comerciando con estas cartas.

Inmobiliario

Antes, para comprar un inmueble se necesitaba mucho dinero por adelantado. Las NFT rompieron esa barrera.

Algunas empresas tokenizan edificios reales. RealT te permite comprar una parte de un inmueble de alquiler en Detroit por 50 dólares. Recibes semanalmente tu parte del alquiler. Sin préstamos bancarios ni inversiones mínimas.

The Sandbox y Decentraland venden TIERRAS virtuales. La gente construye casinos, galerías de arte, salas de conciertos y luego cobra alquiler. Alguien compró un terreno junto a la mansión virtual de Snoop

Dogg por 450.000 dólares. Una parcela se vendió por 4,3 millones de dólares.

Música y creatividad

Los músicos han tenido que renunciar a una gran parte de sus ingresos durante años. Spotify paga unos 0,003 dólares por transmisión. Los sellos se quedan con la mayor parte.

Las NFT permiten a los artistas vender directamente a los fans. Kings of Leon lanzó un álbum como NFT con boletos de concierto incluidos. 3LAU ganó 11,6 millones de dólares en un fin de semana vendiendo NFT musicales.

Royal permite a los fans comprar parte de una canción y ganar derechos cuando se transmite en streaming. Steve Aoki dijo que ganó más con una sola entrega de NFT que con 10 años de adelantos musicales.

Los boletos de conciertos como NFT frenan a revendedores y falsificadores. Además, los artistas cobran cuando se revenden los boletos.

Las NFT también sirven para otras cosas:

- Nombres de dominio como mike.eth se venden por miles.
- Las marcas de lujo utilizan los NFT como recibos digitales. Tu bolso Gucci está vinculado a un NFT que demuestra que es real y no una imitación de Canal Street.
- La tecnología soluciona problemas reales más allá de vender caros simios de dibujos animados.

Ganar dinero o perder la camisa

He aquí algunos de los pros y los contras de invertir y poseer NFT:

Lo bueno

- **Raro = Valioso:** Algunas NFT se revalorizan porque son escasas y culturalmente significativas. CryptoPunk #7523 se vendió por 11,8 millones de dólares. Un artista digital llamado Beeple vendió un JPEG por 69 millones de dólares. No digo que vayas a alcanzar estas cifras, pero las colecciones limitadas pueden dispararse.

- **Dinero mientras duermes:** Las NFT crean flujos de ingresos pasivos que las inversiones normales no consiguen. Cobrarás el alquiler de tu terreno virtual en Decentraland. Obtén regalías cada vez que tu NFT musical se revenda. Pon a trabajar tus NFT en determinadas plataformas para obtener recompensas en tokens.
- **Algo diferente:** Las NFT no siguen a la bolsa ni siquiera a los precios del Bitcoin. Cuando los mercados tradicionales se desplomaron en marzo de 2022, las NFT de primer orden mantuvieron su valor mejor de lo esperado. Se mueven cuando otras inversiones se estancan.
- **Valor a prueba de futuro:** Las NFT de hoy funcionarán probablemente en múltiples plataformas el día de mañana. Ese CryptoPunk podría convertirse en tu avatar en el metaverso de Facebook, o desbloquear el acceso exclusivo a docenas de juegos y sitios web.

Lo no tan bueno

- **Oscilaciones de precios:** Los precios de las NFT oscilan. Los precios mínimos de colecciones populares pueden caer un 50 % de la noche a la mañana porque algún famoso haya tuiteado una tontería. El Simio Aburrido que se vendió por 400.000 dólares puede alcanzar los 50.000 un mes después.
- **¿Cuánto vale esto?:** ¿Cómo se pone precio al arte digital o a los bienes inmuebles virtuales? No existen fórmulas establecidas. Las acciones tienen ratios P/E. Los bienes inmuebles tienen comparaciones. Las NFT tienen... ¿vibraciones? Esto hace que la inversión racional sea casi imposible.
- **¿Planet Killer?:** Algunos NFT (especialmente en Ethereum) queman electricidad. Antes de que Ethereum cambiara a Proof-of-Stake, la acuñación o el comercio de un NFT podía consumir tanta energía como la que consume un hogar en una semana. La regulación podría afectar más a estos proyectos a medida que aumente la preocupación por el clima.
- **Sin salidas rápidas:** A diferencia de las acciones que puedes vender al instante, las NFT necesitan un comprador que quiera TU

cosa específica. Vender una carta rara de Pokémon lleva más tiempo que vender acciones de Apple. Tu NFT puede estar sin vender durante meses. Es mejor no contar con ese dinero para la renta.

- **El paraíso de los estafadores:** Colecciones falsas, obras de arte robadas, "pump-and-dumps" y promotores que desaparecen plagan este espacio. Un día una colección está de moda y al día siguiente sus creadores desaparecen con millones. Los "robos de alfombras" no son raros, son el martes.

No te digo que evites por completo las NFT. Sólo que sepas en qué te estás metiendo. Investiga a fondo los proyectos. Sigue a las comunidades antes de invertir. Empieza poco a poco. Y nunca gastes dinero que no puedas permitirte perder.

El mundo NFT premia la paciencia y castiga el FOMO como ningún otro.

Proyectos destacados de NFT

- **CryptoPunks y coleccionables digitales:** CryptoPunks, una de las primeras y más emblemáticas colecciones de NFT, consta de 10.000 personajes únicos de 8 bits. Los primeros en adoptarlos han obtenido enormes beneficios. El precio récord de un CryptoPunk fue de 23,7 millones de dólares pagados en 2022.
- **Bored Ape Yacht Club (BAYC) & Social Influence:** Una colección de 10.000 NFT únicos con temática simiesca que funciona como club de socios con acceso a eventos y ventajas exclusivas. Famosos como Snoop Dogg, Eminem y Steph Curry poseen NFT del BAYC.
- **NBA Top Shot & Sports Memorabilia:** Una plataforma para coleccionar cromos digitales con los mejores momentos de la NBA. Ha generado millones en ventas.

Cómo abordar la inversión en NFT con prudencia

- **Investiga el proyecto:** Infórmate sobre los creadores, la comunidad y la utilidad de una NFT antes de invertir.
- **Evalúa las tendencias del mercado:** Estudia el sentimiento social,

la adopción del sector y el potencial a largo plazo en lugar de seguir la moda.

- **Utiliza mercados de confianza:** Cíñete a las plataformas más reputadas (piensa en OpenSea o Foundation) para evitar estafas.
- **Comprende el riesgo de liquidez:** Las NFT pueden tardar en revenderse.
- **Diversifica las participaciones de NFT:** Evita concentrarte en un solo proyecto. Diversificar dentro del nicho con arte, música y bienes inmuebles virtuales ayuda a repartir el riesgo.

Ya estás a mitad de camino

Bueno... eso fue mucho. Smart contracts, protocolos DeFi, propiedad digital a través de NFTs. Con estos conceptos en tu haber, ya estás por delante de la mayoría de los criptoinversores.

Para cualquiera que esté pensando en invertir en criptomonedas, esta base es oro. No serás una de esas personas que compran en la cima del mercado o que persiguen los gráficos de precios y las tendencias de Twitter. Tu comprensión de los fundamentos te proporciona una lente para entender el panorama más amplio. Ya estás aprendiendo a evaluar proyectos criptográficos con gran potencial. Puedes formular mejores preguntas sobre tecnología, adopción y propósito.

Así que, con esto, ya estás listo para entrar en materia. Aventurémonos más allá de Bitcoin y Ethereum. Es hora de hablar de altcoins.

3 ALTCOINS: IMPULSANDO AÚN MÁS BLOCKCHAIN

Bitcoin y Ethereum se llevaron toda la atención mundial. Pero eso solo fue la infancia de las criptomonedas. Hoy el ecosistema está creciendo rápido, y las altcoins representan el siguiente capítulo en la historia del blockchain.

Las altcoins, o "monedas alternativas", son básicamente cualquier criptomoneda que no sea Bitcoin. Técnicamente, incluso Ethereum entra en esa categoría. Hoy existen miles de altcoins, muchas de ellas diseñadas para mejorar lo que Bitcoin o Ethereum no hacen tan bien.

¿Por qué hay tantas? Porque una vez que la gente vio lo que podía hacer Bitcoin, se hizo la pregunta: "¿Y si podemos hacerlo mejor?". Algunas altcoins buscan acelerar las transacciones. Otras se centran en la privacidad. Muchas permiten ejecutar smart contracts, que funcionan de forma automática cuando se cumplen ciertas condiciones.

Casi todas las altcoins comparten el mismo ADN que Bitcoin: usan la tecnología blockchain para crear dinero digital seguro sin necesidad de bancos. Pero a partir de ahí, cada una toma su propio camino.

Cuando analices una altcoin, presta atención a tres cifras clave:

- Capitalización de mercado: Muestra el valor total de todas las monedas. Se calcula multiplicando el precio por la oferta en circulación.

- Volumen de operaciones: Indica cuánto se compra y se vende cada día. Un volumen alto suele ser señal de un mercado activo.

- Mecánica de la oferta: Revela si hay un límite de monedas o si se siguen creando nuevas. Esto afecta el potencial de inflación o escasez.

Estas estadísticas básicas te permiten comparar diferentes proyectos de un vistazo.

Primera generación de altcoins: alternativas a Bitcoin

Litecoin: la alternativa más rápida

Charlie Lee creó Litecoin en 2011 con un objetivo claro: hacer una versión más rápida y accesible de Bitcoin. La llamó “la plata del oro de Bitcoin”, una comparación que refleja perfectamente su intención.

Litecoin utiliza un algoritmo diferente llamado Scrypt. ¿Por qué importa? El algoritmo SHA-256 de Bitcoin requiere equipos de minería costosos y especializados. Scrypt, en cambio, fue diseñado para que cualquiera pudiera minar usando una computadora común. Hoy eso ya no marca tanta diferencia, ya que los mineros profesionales también se han adueñado de Litecoin. Pero en su momento, fue una innovación importante.

La principal mejora fue la velocidad. Litecoin procesa bloques cada 2,5 minutos, mientras que Bitcoin lo hace cada 10. Eso significa que las transacciones se completan hasta cuatro veces más rápido. Para quienes estaban cansados de esperar confirmaciones lentas en Bitcoin, Litecoin fue un soplo de aire fresco.

Y ha resistido el paso del tiempo. Aunque no sea tan famosa como Bitcoin, sigue siendo una opción fiable. Muchas empresas la aceptan como forma de pago y suele estar entre las primeras monedas listadas en nuevas exchanges. Su longevidad en un mercado tan competitivo dice mucho.

Bitcoin Cash: la solución del gran bloque

Bitcoin Cash nació de una disputa. En 2017, Bitcoin se volvió tan popular que su red empezó a saturarse. Las comisiones se dispararon. Las transacciones podían tardar horas o incluso días. Todos coincidían en que algo debía cambiar... pero no en cómo hacerlo.

Un grupo proponía mantener el límite de 1 MB por bloque y optimizar su uso. Otro grupo decía: "Hagamos los bloques más grandes." Cuando no hubo acuerdo, se produjo una bifurcación dura el 1 de agosto de 2017. Así nació Bitcoin Cash, con bloques de 8 MB (más tarde aumentados a 32 MB).

La idea funcionó. Bitcoin Cash puede procesar muchas más transacciones por segundo que el Bitcoin original, con comisiones más bajas. Además, quienes tenían Bitcoin antes de la bifurcación recibieron automáticamente la misma cantidad en Bitcoin Cash —un regalo inesperado para muchos.

A día de hoy, Bitcoin Cash conserva una base fiel de seguidores que defienden la idea de los bloques grandes. Aunque no ha alcanzado la popularidad de Bitcoin, sigue entre las principales criptomonedas por capitalización de mercado. Su historia demuestra lo difícil que es modificar una red descentralizada una vez que se vuelve grande. A veces, es más fácil crear algo nuevo que cambiar lo que ya funciona.

Plataformas de smart contracts

Ethereum no es la única blockchain con capacidades de smart contracts. Otras redes como Solana y Cardano fueron creadas precisamente para hacer lo que Ethereum, en su momento, no podía.

SOLANA: DISEÑADA PARA LA VELOCIDAD

Solana llegó con una propuesta ambiciosa: procesar hasta 65,000 transacciones por segundo. En la práctica, hoy logra entre 2,000 y 5,000, pero aun así es muchísimo más rápido que las 15 a 30 transacciones por segundo que maneja Ethereum.

El secreto está en un mecanismo de consenso llamado **Proof of History (Prueba de la Historia, PoH)**.

Puede sonar técnico, pero Proof of History es simplemente un sello de tiempo incorporado en la blockchain. En lugar de que los nodos se pongan de acuerdo sobre cuándo ocurrió cada transacción, Solana crea un registro verificable del paso del tiempo. Ese detalle técnico, aunque parezca pequeño, potencia la eficiencia de su sistema Proof of Stake.

¿El resultado? Transacciones baratísimas, que se completan en segundos. Esa velocidad ha atraído a desarrolladores de todo tipo, desde plataformas comerciales hasta videojuegos construidos sobre Solana.

Por supuesto, no todo es perfecto. Algunos críticos señalan que Solana prioriza la velocidad por encima de la descentralización. La red ha tenido interrupciones por exceso de tráfico, y operar un nodo requiere un equipo muy potente, lo que limita la participación.

Aun así, Solana no ha parado de crecer. Su apuesta por el rendimiento bruto ha atraído miles de millones en inversión. Para los usuarios frustrados con las tarifas de gas de Ethereum, Solana se siente como pasar del módem al internet de fibra. Muchos inversores experimentados ven en ella un futuro prometedor.

CARDANO: EL ENFOQUE ACADÉMICO

Cardano hace las cosas con calma. Y eso no es un error, sino parte de su filosofía. Fundada por Charles Hoskinson, uno de los cofundadores de Ethereum, Cardano prefiere avanzar lento pero seguro. Antes de lanzar cualquier función, el equipo la somete a una revisión académica seria y exhaustiva.

En el corazón de su red está Ouroboros, el primer sistema de Proof of Stake con seguridad verificada formalmente. ¿Qué significa eso? Que sus propiedades criptográficas han sido demostradas por matemáticos bajo ciertos supuestos. Eso no asegura que funcione perfecto en la práctica, pero sí muestra un enfoque más riguroso que el de muchos otros proyectos.

El desarrollo de Cardano se divide en fases con nombres técnicos como Byron, Shelley y Goguen. Cada una introduce nuevas funciones, desde la descentralización hasta los smart contracts.

Estos contratos llegaron recién en 2021, mucho después que en otras blockchains. Para algunos, esa lentitud fue frustrante. Pero sus defensores sostienen que en el ámbito financiero, la seguridad va primero. Y que muchos proyectos que se lanzaron apurados terminaron con fallos o robos.

La comunidad de Cardano es conocida por su entusiasmo. Cree firmemente en la visión del proyecto: llevar herramientas financieras a personas sin acceso a bancos, especialmente en regiones como África. Mientras otros proyectos persiguen resultados rápidos, Cardano juega a largo plazo.

Polkadot: conectando islas blockchain

Polkadot resuelve un problema que la mayoría de las personas ni siquiera sabía que existía: las blockchains no pueden comunicarse entre sí. Bitcoin no puede enviar datos a Ethereum. Ethereum no puede interactuar con Cardano. Cada una funciona como una isla separada.

Gavin Wood, otro de los cofundadores de Ethereum, creó Polkadot precisamente para tender puentes entre estas islas. Su sistema se basa en una cadena principal, conocida como Cadena de Retransmisión, que se conecta con hasta 100 blockchains personalizadas llamadas Parachains. Cada Parachain puede estar diseñada para un propósito específico, pero todas pueden compartir datos entre sí. Esto permite que blockchains distintas trabajen juntas sin tener que reconstruir todo desde cero.

Para obtener una plaza, los proyectos deben ganar una subasta. Esto implica reservar tokens DOT, a veces por valor de millones de dólares, para asegurar un alquiler de dos años en la red. La competencia por esos espacios limitados es feroz.

Polkadot emplea un modelo de consenso llamado **Nominated Proof of Stake (Prueba de participación nominada, NPoS)**, en el que los usuarios eligen validadores en los que confían. Así, se distribuye el poder de validación y cualquier persona con DOT, aunque tenga una cantidad pequeña, puede contribuir a la seguridad de la red.

La gran promesa de Polkadot es permitir que el valor y los datos fluyan libremente entre blockchains. En lugar de obligarte a elegir entre Ethereum, Solana o Cardano, Polkadot aspira a que puedas usarlas todas en conjunto, como un sistema donde las blockchains no compiten, sino que colaboran.

Altcoins centradas en DeFi

Chainlink: el puente hacia los datos del mundo real

Los smart contracts tienen una gran limitación: no pueden acceder directamente a información del mundo real. Un contrato puede decir "paga si llueve mañana", pero... ¿cómo sabe si realmente llovió?

Chainlink resuelve este problema con una solución clave: los oráculos. Estos oráculos actúan como puentes de datos confiables entre la blockchain y el mundo exterior. Proveen información como precios de mercado, resultados deportivos, datos meteorológicos y mucho más.

¿Y cómo se garantiza que esa información sea correcta? Chainlink usa una red de nodos que deben bloquear tokens LINK como garantía. Si un nodo entrega datos falsos, pierde parte de su depósito. Además, varios nodos envían los mismos datos para reducir el riesgo de manipulación.

Hoy en día, Chainlink protege miles de millones de dólares dentro de la criptoeconomía. Plataformas de préstamos, seguros y mercados de predicción dependen de sus datos para funcionar. Si ves un proyecto con la frase "Powered by Chainlink", significa que está usando información verificada para ejecutar smart contracts automáticamente.

Una de sus mayores fortalezas es la compatibilidad. Chainlink funciona con prácticamente cualquier blockchain. No importa si estás construyendo sobre Ethereum, Solana o cualquier otra red: Chainlink puede darte los datos que necesitas. Esa flexibilidad ha sido clave para convertir a LINK en uno de los tokens más valiosos del mercado.

Uniswap: comercio sin libros de órdenes

Uniswap cambió por completo la forma de intercambiar criptomonedas. Fue la primera gran bolsa descentralizada que eliminó la necesidad de libros de órdenes —esas listas de compras y ventas que requerían muchos operadores activos para funcionar bien.

En lugar de libros de órdenes, Uniswap propuso un enfoque distinto: usar fórmulas matemáticas para fijar precios y facilitar los intercambios. Este sistema usa grupos de tokens llamados "pools de liquidez", y cualquiera puede añadir sus tokens y ganar una parte de las comisiones por cada operación.

El funcionamiento es sencillo: los usuarios crean un pool con cantidades iguales de dos tokens, como ETH y USDC. La proporción entre esos tokens determina el precio. Si alguien compra ETH, el pool recibe más USDC y menos ETH, haciendo que el precio de ETH suba ligeramente. Todo esto sin intermediarios.

En 2020, Uniswap sorprendió a sus primeros usuarios con un airdrop de tokens UNI. Ese regalo, que valió miles de dólares para algunos, marcó el inicio de una nueva era de tokens de gobernanza. Hoy, los titulares de UNI votan sobre decisiones clave, desde cambios en tarifas hasta qué blockchains apoyar.

La influencia de Uniswap va mucho más allá de su plataforma. Cientos de proyectos han replicado su modelo, y la minería de liquidez se ha convertido en parte fundamental de la cultura criptográfica. Incluso exchanges centralizados han copiado funciones que Uniswap lanzó primero.

Altcoins centradas en la privacidad

Monero: verdadera privacidad financiera

Bitcoin no es tan privado como muchos creen. Cada transacción queda registrada en la blockchain. Si alguien relaciona tu dirección con tu identidad, puede seguir todos tus movimientos.

Monero apuesta por otro enfoque: privacidad por defecto. Su tecnología usa tres mecanismos para proteger tus datos:

- Firmas anónimas: ocultan quién envía el dinero mezclando tu transacción con otras.

- Direcciones invisibles: generan una dirección nueva para cada transacción.

- Transacciones confidenciales: ocultan el monto enviado.

¿El resultado? Privacidad total. Nadie puede ver saldos ni rastrear fondos, ni siquiera si quiere.

Eso sí, esta privacidad ha sido controversial. Algunas autoridades creen que facilita actividades ilegales. Algunas bolsas han eliminado Monero por presiones regulatorias. Pero sus defensores lo tienen claro: la privacidad financiera es un derecho.

También destaca por su minería accesible. Usa un algoritmo llamado RandomX, diseñado para funcionar con procesadores normales. Así, cualquiera puede participar sin hardware caro.

A pesar de las críticas, Monero mantiene una comunidad sólida y sigue entre las criptos más usadas por volumen real de transacciones.

Zcash: privacidad cuando la necesitas

Zcash ofrece algo único: la posibilidad de elegir entre privacidad total o transparencia.

Todo se basa en una tecnología avanzada llamada zk-SNARKs (Zero-Knowledge Succinct Non-Interactive Arguments of Knowledge). Dicho de forma simple, permite demostrar que sabes algo sin revelar la información en sí. Con Zcash, puedes probar que tienes fondos sin mostrar tu saldo.

Hay dos tipos de direcciones:

- **Transparentes:** igual que en Bitcoin, todo es visible en la blockchain.
- **Blindadas:** ocultan remitente, destinatario y monto. Puedes mover fondos entre ambas.

Este enfoque de "privacidad opcional" es útil en la práctica. A veces necesitas privacidad (por ejemplo, para pagar a un proveedor) y otras veces transparencia (como en declaraciones fiscales). Zcash permite ambas.

Sus funciones de privacidad exigen más potencia de cómputo, y no todos las wallets las soportan. Pero su tecnología ha influido mucho más allá de su propia red: otros proyectos han adoptado los zk-SNARKs, y hasta Ethereum planea usarlos en el futuro para escalar mejor.

Tokens de utilidad y aplicaciones en el mundo real

Filecoin: el mercado de almacenamiento descentralizado

Guardar archivos en la nube suele implicar pagar a empresas como Amazon o Google para que los almacenen en sus servidores. Filecoin replantea este modelo por completo: crea un mercado donde cualquier persona con espacio libre en su disco duro puede ganar dinero ofreciendo almacenamiento.

El proyecto fue lanzado por Juan Benet, después de crear IPFS (InterPlanetary File System), un protocolo que facilita el almacenamiento distribuido de archivos. Mientras que IPFS gestiona cómo se transfieren los datos, Filecoin añade incentivos económicos para mantenerlos disponibles con el tiempo.

El sistema usa dos mecanismos de consenso únicos: Prueba de replicación, que verifica que los proveedores realmente guardan los datos que dicen almacenar, y Prueba de espacio-tiempo, que asegura que los conservan durante un período continuo. Los proveedores deben bloquear tokens FIL como garantía, y los pierden si no cumplen.

Comparado con el almacenamiento tradicional en la nube, Filecoin puede ofrecer costos más bajos y mayor resistencia a la censura. Nadie controla la red, lo que significa que tus archivos no pueden eliminarse por presiones políticas o decisiones corporativas.

La gran pregunta es si Filecoin podrá competir con gigantes como AWS o Google Drive en precio y facilidad de uso. Para ganar adopción masiva, tendrá que ofrecer una experiencia que iguale o incluso supere la comodidad de las soluciones actuales.

Basic Attention Token: mejorar la publicidad en línea

Los anuncios en línea rastrean todos tus movimientos. Ralentizan los sitios web. Consumen tu plan de datos. Y, a pesar de todo eso, la mayor parte del dinero termina en manos de las empresas que muestran los anuncios, no de los creadores que realmente te interesan.

Basic Attention Token (BAT) y el navegador Brave replantean por completo cómo funciona la publicidad en Internet. Su enfoque gira en torno a un recurso clave: tu atención. Te permite controlarla y, si quieres, recibir algo a cambio.

Brave bloquea automáticamente los anuncios tradicionales y los rastreadores. Esto acelera la carga de los sitios y protege tu privacidad. Luego te ofrece una opción: puedes elegir ver anuncios seleccionados por Brave, que aparecen como notificaciones y no dentro de las páginas. A cambio, recibes BAT.

Los creadores también ganan BAT cuando visitas sus sitios. Incluso puedes enviarles propinas directamente. El sistema deja fuera a las redes publicitarias y a los intermediarios de datos, que suelen quedarse con casi toda la ganancia.

El interés por Brave no para de crecer. Ya tiene millones de usuarios activos. Muchos youtubers, streamers y sitios web se han sumado al sistema para recibir BAT. Incluso grandes marcas están usando la plataforma para sus campañas publicitarias.

Aunque BAT todavía no ha desplazado a Google ni a Facebook, muestra un futuro posible para la publicidad: más justa para los creadores, más respetuosa con tu privacidad, y con valor real para ti como usuario.

Stablecoins: un puente entre las finanzas tradicionales y las criptofinanzas

USDC y USDT: dólares digitales

El precio de Bitcoin puede subir o bajar un 10 % en un solo día. Ideal para especular, pero no tan útil para el día a día. Las monedas estables resuelven ese problema al mantener un valor constante, normalmente vinculado al dólar.

USDT (Tether) fue la primera en ofrecer este modelo en 2014. USDC llegó en 2018 como una alternativa más regulada. Ambas se basan en una idea simple: mantener una reserva que respalde cada token en circulación. USDT lo hace con una mezcla de activos, como efectivo y bonos. USDC publica certificados mensuales auditados por firmas contables reconocidas. El objetivo de ambas es que 1 token siempre valga 1 dólar.

Estas stablecoins cumplen un rol esencial en el ecosistema cripto. Sirven como refugio en momentos de volatilidad, facilitan transferencias rápidas entre plataformas y ofrecen una base estable para nuevos usuarios.

Pero hay diferencias. USDC, creada por Circle y Coinbase, ha sido mucho más transparente con sus reservas. USDT ha enfrentado controversias e investigaciones, incluyendo un acuerdo con la fiscalía de Nueva York.

Más allá del trading, las stablecoins están cambiando el mundo real. Permiten pagos internacionales rápidos y baratos, protegen el valor de tu dinero si vives en un país con inflación alta, y funcionan como base para plataformas de ahorro y préstamo descentralizadas.

DAI: EL ENFOQUE ALGORÍTMICO

DAI adopta un enfoque completamente diferente. En lugar de estar respaldada por dólares en un banco, usa criptomonedas como garantía. Así, no tienes que confiar en una empresa central, aunque el sistema es un poco más técnico.

Funciona mediante "bóvedas" en la plataforma MakerDAO. Depositas cripto por un valor mayor al DAI que quieres generar, normalmente 150 % o más. Esa sobrecolateralización es un colchón: si el valor de la garantía baja mucho, el sistema liquida automáticamente esos fondos para mantener la paridad con el dólar.

MakerDAO opera como una **DAO (Organización Autónoma Descentralizada)**. Los que tienen el token MKR votan sobre decisiones clave: qué activos aceptar como garantía, qué porcentaje exigir y qué tasas aplicar.

Este modelo tiene ventajas fuertes. Al no depender de una empresa, DAI no está sujeto a regulaciones que puedan congelar tus fondos. Pero también conlleva riesgos: en momentos de volatilidad extrema, muchas bóvedas pueden ser liquidadas.

Aun así, DAI ha mantenido su paridad en casi todo momento, incluso durante crisis fuertes. Su éxito inspiró a otras stablecoins algorítmicas, aunque pocas son tan resistentes. Si valoras la descentralización total, DAI sigue siendo una de las pocas opciones realmente independientes del sistema financiero tradicional.

Tendencias futuras en el desarrollo de altcoins

El mundo de las altcoins no se detiene. Varias tendencias ya marcan hacia dónde se dirige esta evolución.

Las soluciones de capa 2 seguirán creciendo para resolver los problemas de escalabilidad en blockchain. Como mencionamos en el capítulo anterior, estas tecnologías procesan transacciones fuera de la cadena principal y luego las consolidan, lo que permite aumentar la capacidad sin sacrificar seguridad ni descentralización. Los rollups optimistas y los rollups de conocimiento cero lideran esta categoría y prometen mejorar el rendimiento hasta cien veces o más.

La interoperabilidad entre cadenas también será clave. Proyectos como THORChain, Cosmos y Polkadot están construyendo infraestructuras que permiten que distintas blockchains se comuniquen sin fricción. Las barreras entre ecosistemas irán desapareciendo a medida que los usuarios exijan mover activos y datos entre cadenas con mayor libertad.

La tokenización de activos del mundo real avanza rápidamente. Bonos del Tesoro, inmuebles e incluso créditos de carbono ya se están convirtiendo en tokens digitales negociables. Este enfoque podría abrir un mercado valuado en cientos de billones de dólares si logra escalar de forma segura y regulada.

La integración de la inteligencia artificial con blockchain es incipiente, pero prometedora. Modelos de aprendizaje automático podrían optimizar parámetros en protocolos DeFi, prever congestión en la red o detectar patrones de actividad sospechosa. Combinada con tecnología de privacidad, la IA también podría analizar datos cifrados sin comprometer la confidencialidad del usuario.

En conjunto, las altcoins han transformado la blockchain de un simple experimento tecnológico en un ecosistema diverso lleno de soluciones especializadas. Bitcoin demostró que el dinero digital descentralizado era posible. Pero las altcoins han expandido ese concepto, corrigiendo limitaciones y abriendo nuevas posibilidades.

Ya conoces las principales categorías:

- alternativas a Bitcoin centradas en velocidad y escalabilidad
- plataformas de smart contracts para aplicaciones complejas
- criptomonedas de privacidad que protegen la confidencialidad financiera
- tokens de utilidad con aplicaciones prácticas
- y stablecoins que conectan el mundo tradicional con el cripto

No podemos cubrir todas las criptomonedas en un solo capítulo, ni siquiera en todo este libro. Así que, a partir de aquí, va a ser esencial que hagas tu propia investigación (DYOR). En el Capítulo 8 vamos a hablar del análisis fundamental y de cómo identificar altcoins con verdadero potencial. Todo lo que viste aquí te da una base sólida para tomar esas decisiones. Aquí tienes una tabla que resume todo lo que hemos visto en este capítulo:

ALTCOIN	QUÉ HACE	POR QUÉ ES DIFERENTE
Litecoin (LTC)	Una versión más rápida de Bitcoin	Transacciones más rápidas y fácil de minar (al principio)
Bitcoin Cash (BCH)	Un derivado de Bitcoin	Maneja más transacciones con tarifas más bajas
Solana (SOL)	Una plataforma rápida para contratos inteligentes	Transacciones súper rápidas y baratas
Cardano (ADA)	Una plataforma basada en investigación	Construida lentamente con ciencia revisada por expertos
Polkadot (DOT)	Conecta diferentes blockchains	Permite que las blockchains trabajen juntas como una gran red
Chainlink (LINK)	Alimenta datos del mundo real a blockchains	Ayuda a los contratos inteligentes con precios, clima, etc.
Uniswap (UNI)	Un lugar para intercambiar cripto sin intermediarios	Usa matemáticas en lugar de libros de órdenes para fijar precios
Monero (XMR)	Mantiene tus transacciones privadas	Oculta remitente, receptor y montos por defecto
Zcash (ZEC)	Te permite elegir entre privacidad o transparencia	Tú decides si una transacción es pública o privada
Filecoin (FIL)	Paga a las personas por almacenar archivos	Alternativa descentralizada a Google Drive o Dropbox
Basic Attention Token (BAT)	Te paga por ver anuncios	Funciona con el navegador Brave para recompensar tu atención
USDT (Tether)	Una cripto estable ligada al dólar	Ideal para ahorrar o comerciar sin volatilidad
USDC	Un dólar digital estable y regulado	Similar a USDT, pero con más transparencia
DAI	Una stablecoin sin una empresa central	Respaldada por cripto, no por dólares en un banco

Ahora que entiendes cómo funciona la tecnología blockchain y qué tipos de criptomonedas existen... ¿dónde se guardan todas estas monedas? En el próximo capítulo hablamos de wallets.

4 WALLETS — ALMACENAR Y PROTEGER

Imagina una wallet de criptomonedas como el que tu papá ha usado durante los últimos 30 años, pero digital, que guarda cripto en lugar de dinero fiat y probablemente en mejores condiciones. Sin una tarjeta de Blockbuster caducada, ni recibos arrugados, y definitivamente sin esa foto escolar de tercer grado del año en que tu mamá te hizo ese corte tan desafortunado. Quizás no sean tan parecidos, en realidad. Porque también es mucho más difícil perder tu wallet cripto que una física. Siempre y cuando no pierdas tu private key.

Y eso nos lleva al siguiente tema: cómo guardar y proteger tu cripto. Mantenerla segura es tan importante como decidir en qué invertir. Por eso tenemos que hablar de esto antes de que empieces a mover tu dinero. Las criptomonedas funcionan con el principio de autocustodia, lo que significa que tú eres el único responsable de la seguridad de tus activos. Tienes que ser cuidadoso y tomar la iniciativa. Si los pierdes, se van para siempre.

Tipos de wallets

Hay varios tipos de wallets, y no todos son iguales. Cada uno tiene ventajas y desventajas. Entender cómo funcionan te va a ayudar a tomar una decisión informada sobre cuál se ajusta mejor a tu estilo y objetivos, en lugar de irte por el camino más fácil y arrepentirte después.

Custodial wallets (monederos con custodia) y non-custodial wallets (monederos sin custodia)

Los **custodial wallets** están gestionados por terceros, como exchanges o plataformas de inversión. Son cómodos, pero eso significa que confías en otro para guardar y proteger tu cripto. Estos wallets suelen estar en los exchanges centralizados (CEX), o en cuentas de inversión institucional como las IRAs cripto. Si esa plataforma es hackeada o bloquean los retiros, podrías perder el acceso a tus fondos.

Los **non-custodial wallets** (también llamados de autocustodia o sin custodia) te dan control total sobre tus claves privadas y tu dinero. O sea, la seguridad depende solo de ti. Si pierdes tus claves, pierdes tus activos para siempre. Son más exigentes de manejar, pero muchos inversores los prefieren por la protección extra que ofrecen.

Cold wallets y hot wallets

Para añadir una capa más de complejidad, también existen hot wallets y cold wallets.

Los hot wallets son wallets de criptomonedas conectados a Internet. Son muy prácticos para las transacciones diarias porque acceder a tus fondos es rápido y sencillo. Estos wallets vienen en varias formas: apps móviles, software de escritorio y wallets basados en la web. Cuando operas en una bolsa centralizada y mantienes tus inversiones allí, normalmente están en una hot wallet.

Ventajas de los hot wallets:

- **Acceso instantáneo:** Puedes comprar, vender o intercambiar cripto al instante.
- **Fáciles de usar:** Ideales para principiantes gracias a sus interfaces intuitivas.
- **Integración directa con bolsas:** Muchos se conectan fácilmente a exchanges para operar sin complicaciones.

Desventajas de los hot wallets:

- **Mayor riesgo de seguridad:** Al estar en línea, son más vulnerables a ataques de hackers, malware y phishing.
- **Riesgo de custodia:** Algunos hot wallets (como los que ofrecen los exchanges) guardan tus claves privadas, lo que significa que no tienes control total sobre tus activos.

Mejor práctica: Guarda en una hot wallet solo lo que necesites para tus transacciones diarias. Para cantidades mayores, considera el almacenamiento en frío.

Los cold wallets son una mejor opción si buscas más seguridad, ya que almacenan tu cripto sin conexión. Pueden ser software que guarda las claves offline o dispositivos físicos reales (wallets de hardware). Al no estar conectados a Internet, son mucho más resistentes a ataques, malware o intentos de phishing.

¿Por qué usar un cold wallet?

- Perfecto para guardar grandes cantidades de cripto a largo plazo.
- Reduce drásticamente los riesgos de ataques en línea, al mantener tus claves fuera del alcance de Internet.
- Protege tus activos ante caídas de plataformas, fraudes o bloqueos gubernamentales.

Eso sí, incluso con su alto nivel de protección, no son infalibles: si tus claves quedan expuestas o alguien accede a tu dispositivo, podrían robarte igual.

Tipos de cold wallets

Hardware Wallets (Wallets de hardware)

Dispositivos como el Ledger Nano X o el Trezor Model T almacenan tus claves privadas offline, pero te permiten firmar transacciones de forma segura cuando los conectas.

Ventajas: Muy seguros, fáciles de usar, compatibles con múltiples criptomonedas.

Contras: Cuestan entre 50 y 200 dólares. También debes guardarlos físicamente en un lugar seguro como una caja fuerte ignífuga.

Paper Wallets (Wallets de papel)

Básicamente es tu private key escrita o impresa (a veces como código QR) y guardada en papel.

Ventajas: Cero exposición a amenazas online si la guardas bien.

Contras: Muy delicadas. Si se pierde o se daña, no hay forma de recuperar los fondos.

Air-gapped Wallets (Wallets air-gapped)

Wallets de software instalados en dispositivos que jamás se conectan a Internet. Son usados por inversores institucionales o personas con grandes patrimonios.

> **Recomendación práctica:** Usa un cold wallet para tus ahorros a largo plazo y guarda las frases de recuperación en un lugar muy seguro.

Hot o cold, custodial o non-custodial: cómo se combinan

Aquí es donde la cosa se complica un poco. Cada wallet puede ser custodial o non-custodial (con o sin custodia), y al mismo tiempo, hot o cold (caliente o fría). Pero también pueden combinarse: hay wallets custodial que son hot, non-custodial que son cold... y todo lo que hay entre medio. En realidad, todos los wallets tienen dos dimensiones: quién controla las claves y si están conectados a Internet o no.

Algunos ejemplos:

- **Custodial hot wallets**: Conectados a Internet y tú no controlas la private key. Ejemplos: Binance, Kraken, Coinbase.

- **Non-custodial hot wallets**: Conectados a Internet, y tú sí controlas la private key. Ejemplos: MetaMask, Trust Wallet, Exodus.
- **Custodial cold wallets**: No están conectados a Internet y tú no controlas la clave (son raros, más comunes entre grandes instituciones). Ejemplos: Coinbase Custody, BitGo.
- **Non-custodial cold wallets**: No están conectados a Internet y tú controlas la private key. Pueden ser de software o de hardware. Ejemplos: Ledger, Trezor.

Más formas de proteger tus wallets

Proteger tus criptomonedas no se trata solo de elegir el wallet correcto. También necesitas una buena estrategia de seguridad para mantener a salvo tu dinero digital de hackers, estafadores y fallos inesperados.

Protección de redes y dispositivos: defensa frente a las ciberamenazas

Tu cripto es tan segura como los dispositivos y las redes que usas. Muchos ataques no apuntan al wallet en sí, sino a ti. Phishing, malware, keyloggers... todo sirve para robar tus fondos si no estás alerta.

Estas son algunas medidas básicas que deberías aplicar:

- **Usa una VPN:** Protege tu conexión cuando accedas a cuentas cripto, sobre todo en lugares públicos.
- **Evita redes Wi-Fi abiertas:** Son terreno fértil para interceptar tus datos.
- **Instala un buen anti-malware:** Protege tu dispositivo contra software espía. Wallet Guard, por ejemplo, es una buena opción y es gratis.
- **Activa la autenticación en dos pasos:** Siempre con una app como Authy o Google Authenticator (no por SMS).

Mantener la privacidad: reducir la exposición

Aunque las transacciones cripto no están directamente ligadas a tu nombre, tampoco son 100 % privadas. Todo queda registrado en la blockchain, y si alguien consigue relacionar tu wallet con tu identidad, puede seguir tus movimientos.

Algunas formas simples de proteger tu privacidad:

- **Usa un correo electrónico distinto solo para cripto:** Así evitas que los estafadores te conecten con tu identidad personal.
- **No compartas públicamente la dirección de tu wallet:** Las transacciones pueden ser rastreadas, así que limita quién puede verla.
- **Considera usar monedas de privacidad:** Criptos como Monero y Zcash están diseñadas específicamente para mantenerte en el anonimato.

Protección de claves privadas

Tener tus criptos en un cold wallet non-custodial significa que tú controlas tus claves privadas. Y eso es una espada de doble filo. Si alguien más las consigue, puede vaciarte el wallet en segundos, y no hay vuelta atrás.

Solo en 2023, los hackers se robaron 1.700 millones de dólares en cripto. Así de importante es la seguridad.

Consejos que no puedes ignorar:

- NUNCA compartas tus claves privadas ni tu frase de recuperación con nadie.
- Usa contraseñas fuertes y únicas. Nada de "1234" o repetir la misma de tu correo.
- Activa la autenticación en dos pasos siempre que se pueda.
- Haz copias de tu frase de recuperación y guárdalas en lugares distintos y seguros.

Regla de oro: si no controlas tus claves privadas, esa cripto no es realmente tuya.

Controles de seguridad periódicos

Muchos se olvidan de esto, pero revisar tu seguridad con regularidad es tan importante como mantener el auto o revisar tus inversiones. No esperes a que algo salga mal.

Cómo hacer una revisión rápida pero efectiva:

- **Revisa tu wallet:** Asegúrate de que el software esté al día y que tu seed phrase esté bien guardada.
- **Cuidado con el phishing:** Fíjate bien en los correos que recibes y nunca hagas clic en enlaces sospechosos.
- **Actualiza todo:** Mantén actualizadas tus wallets, apps, extensiones y el firmware de tu hardware wallet.
- **Monitorea tu cuenta:** De vez en cuando, revisa el historial de accesos por si algo raro aparece.

Recomendación práctica: ponte un recordatorio cada par de meses para hacer un chequeo de seguridad general. Unos minutos hoy pueden salvarte de un desastre mañana.

Diversificación: reducir el riesgo con múltiples wallets

Un principio básico de la inversión es la diversificación, y esto también se aplica al almacenamiento de criptomonedas. Usar una única wallet o exchange es poner todos los huevos en la misma canasta. Si se compromete, perdés todo.

Consejos para diversificar tus wallets de forma inteligente:

- Usa más de una wallet: Ten una wallet caliente para el día a día y una fría para tus ahorros. Si tienes grandes cantidades, considera usar varias wallets frías.
- No guardes mucho en los exchanges: Evita mantener grandes sumas en exchanges.

- Distribuye tus fondos en distintas blockchains: Tener activos en varias redes reduce el riesgo frente a fallos técnicos o restricciones regulatorias.

Ejemplo: Un hackeo a Atomic Wallet en 2023 provocó pérdidas por más de 35 millones de dólares. Un recordatorio brutal de por qué conviene repartir tus fondos entre varias wallets.

Ejercicio: Configura tu wallet

Aquí tienes una guía paso a paso para elegir y configurar tu wallet:

Paso 1: Elige la wallet adecuada

Según lo que vimos sobre los distintos tipos de wallets, hay tres preguntas clave que debes hacerte al evaluar tus opciones:

- **Control:** ¿Qué tanto control quieres tener sobre tus inversiones?
- **Conectividad:** ¿Qué tan accesibles necesitas que estén tus activos?
- **Seguridad:** ¿Qué nivel de seguridad estás buscando?

Evaluar tus necesidades te ayudará a elegir el tipo de wallet que mejor proteja tus fondos. Esta tabla puede ayudarte a decidir:

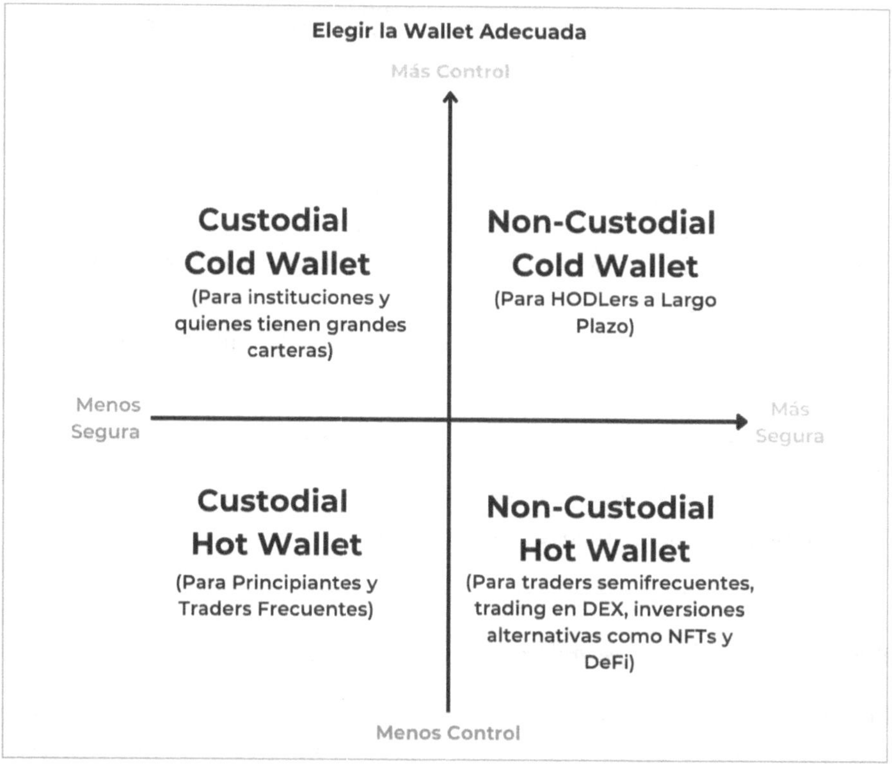

Recuerda: no tienes que elegir solo una. Muchos inversores usan una wallet caliente para operaciones diarias y una fría para guardar a largo plazo. Eso significa que solo necesitas decidir si prefieres una wallet custodial o no custodial, y luego elegir una de las opciones disponibles en el mercado. La mayoría de la gente empieza con una wallet caliente custodial mientras da sus primeros pasos en un exchange centralizado.

Paso 2: Generar y proteger tu seed phrase

Una vez que configures tu wallet, esta generará una seed phrase (también llamada frase de recuperación). Es una secuencia de 12 a 24 palabras aleatorias que funciona como la llave maestra para acceder a tus fondos.

Si pierdes el acceso a tu wallet, esa frase te permite recuperarla junto con todas tus claves privadas.

Ojo: quien tenga tu seed phrase puede quedarse con tu cripto. Trátala como un acta de nacimiento o una joya antigua de tu abuela: mantenla bien protegida.

- Escríbela en papel y guárdala en un lugar seguro (como una caja fuerte ignífuga o una caja de seguridad bancaria).
- Nunca la guardes digitalmente (ni en el móvil, ni en el ordenador, ni en la nube).
- Considera respaldos de metal como Cryptosteel o Billfodl, que son resistentes al fuego y al agua.

Regla de oro: Si alguien te pide tu seed phrase, es una estafa. Siempre. Ningún servicio legítimo te la pedirá jamás.

Paso 3: Prueba de recuperación de la wallet

Mucha gente configura su wallet, anota la seed phrase... y ya. Da por hecho que funcionará si la necesita. Pero si cometiste un error o el respaldo está mal, puedes perderlo todo.

Evita ese susto haciendo una prueba de recuperación:

1. Configura una wallet nueva en otro dispositivo
2. Introduce tu seed phrase para restaurarla
3. Verifica que los fondos aparezcan correctamente

Si la recuperación funciona, guarda esa seed phrase en un lugar seguro al que solo tú tengas acceso.

Una base segura

En este capítulo vimos lo esencial para proteger tus criptomonedas.

Hablamos sobre los distintos tipos de wallets y por qué la autocustodia con wallets no custodial y frías te da más control y seguridad.

También repasamos prácticas básicas de seguridad que deberían ser automáticas: contraseñas fuertes, autenticación en dos pasos y respaldos bien guardados de tus frases semilla.

Recuerda: con las criptomonedas, tú eres tu propio banco.

Esa libertad financiera es poderosa, pero implica que la seguridad depende completamente de ti. Estas medidas no son opcionales. No aprendas esto por las malas.

Ahora que tienes una base sólida para proteger tus activos, ya estás listo para buscar un exchange y empezar a hacer lo que querías desde el principio cuando compraste este libro: invertir. En el próximo capítulo, te vamos a guiar para encontrar un buen exchange. Vamos a ver los distintos tipos disponibles y ayudarte a elegir el que mejor se adapte a tus objetivos como trader.

5 EXCHANGES DE CRIPTOMONEDAS: COMPRAR, VENDER E INTERCAMBIAR

Las criptobolsas son mercados (normalmente aplicaciones) donde la gente compra, vende e intercambia divisas digitales. Al igual que las bolsas de valores para las inversiones tradicionales, estas plataformas forman la columna vertebral de la criptoeconomía y te dan acceso a diversos activos digitales. ¿La gran diferencia? A diferencia del mercado de valores, el cripto nunca duerme. Puedes operar 24 horas al día, 7 días a la semana.

En este capítulo, desglosaremos lo esencial para ayudarte a encontrar la bolsa adecuada y empezar a operar con confianza.

Tipos de exchanges

Encontrar la bolsa adecuada es un paso importante para los nuevos inversores en criptomonedas. Con tantas opciones que ofrecen diferentes características, tarifas, monedas disponibles y medidas de seguridad, las cosas pueden parecer confusas al principio. Algunos exchanges se dirigen a principiantes con interfaces sencillas, mientras que otros ofrecen herramientas avanzadas para operadores experimentados.

Hay tres tipos principales de bolsas de criptomonedas, cada una con sus propios pros y contras:

Exchanges centralizados

¿Usaste alguna vez aplicaciones como Robinhood o eToro para acciones? Creas una cuenta, depositas dinero y empiezas a comprar acciones en un día. Los exchanges centralizados, también conocidas como CEX, funcionan de forma muy similar. Los usuarios confían en un exchange externo para gestionar las transacciones. Estos exchanges de fácil uso son ideales para principiantes.

Ventajas:

- **Compatibilidad Fiat:** Compras cripto fácilmente mediante transferencias bancarias, tarjetas de crédito y PayPal.
- **Mucha liquidez:** Más usuarios significan operaciones más rápidas con un mínimo deslizamiento de precios.
- **Atención al cliente:** Puedes pedir ayuda a través de mesas de soporte, preguntas frecuentes y chat.
- **Operaciones reguladas:** Muchos CEX siguen la normativa gubernamental y ofrecen seguros.

Desventajas:

- **Control centralizado:** No controlas tus claves privadas; los activos están en los servidores de la bolsa. La bolsa gestiona tus fondos, así que tienes que confiar en ellos para mantener la seguridad y permitir los retiros.
- **Riesgos de seguridad:** Los CEX suelen convertirse en objetivo de los piratas informáticos. Sin embargo, los exchanges más populares extreman las medidas de seguridad.
- **Restricciones regulatorias:** Algunas bolsas tienen límites regionales y exigen controles de identidad KYC (Conoce a tu cliente).

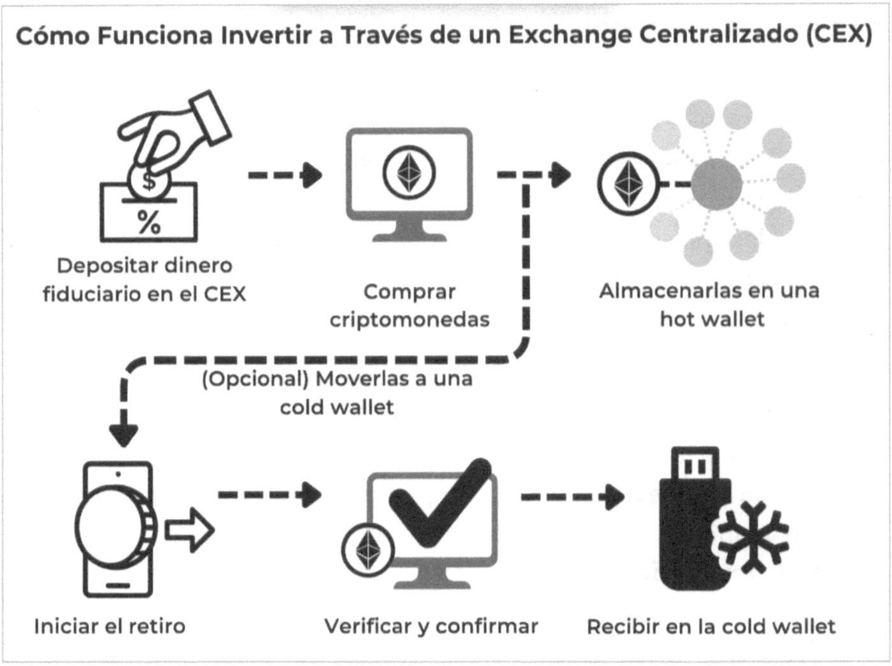

CEX populares:

- **Binance:** Ofrece toneladas de criptodivisas, funciones avanzadas de trading y Binance Lite para principiantes.
- **Coinbase:** Conocido por su interfaz fácil, fuerte seguridad, y grandes recursos educativos.
- **Kraken:** Un exchange muy respetado con una seguridad estricta y muchas monedas compatibles.

Exchanges descentralizados

Ya hablamos de los exchanges descentralizados en nuestro capítulo 2 discusión de DeFi y nuestro capítulo 3 discusión de UniSwap, pero vamos a revisitar. Los exchanges descentralizados funcionan sin ninguna autoridad central. Los usuarios intercambian criptomonedas directamente (peer-to-peer) desde hot wallets externos como MetaMask. A diferencia de los CEX, los DEX no retienen tus fondos o datos personales, proporcionando mayor seguridad y privacidad.

Sin embargo, las DEX solo admiten activos en la misma blockchain en la que funcionan. Por ejemplo, Uniswap solo maneja tokens basados en Ethereum (ERC-20), mientras que PancakeSwap se ciñe a los tokens de Binance Smart Chain (BEP-20). Si un token no es nativo de la blockchain que utiliza la DEX, no lo puedes negociar ahí sin un puente entre cadenas.

Ventajas:

- **Control total:** Mantienes el control de tus claves privadas.
- **Privacidad y anonimato:** La mayoría de las DEX no requieren verificar tu identidad.
- **Sin riesgos centralizados:** Con ninguna entidad central, los hackeos y los cierres regulatorios son menos probables.

Desventajas:

- **Menor liquidez:** Algunas DEX tienen menos operadores, lo que provoca desviaciones en los precios.
- **Sin rampas de entrada de Fiat:** Para operar con criptomonedas necesitas tener cripto.
- **Disponibilidad limitada de activos:** Las DEX solo admiten tokens nativos de su blockchain. El comercio entre cadenas requiere puentes. Esto puede hacer que todo sea más riesgoso y complejo.
- **Menos fácil para principiantes:** Las DEX requieren que manejes claves privadas e interacciones con smart contracts. Las operaciones suelen implicar varios pasos: conectar una wallet, establecer la tolerancia al deslizamiento y aprobar manualmente las transacciones. UniSwap y PancakeSwap son DEX que trabajan para simplificar las cosas.

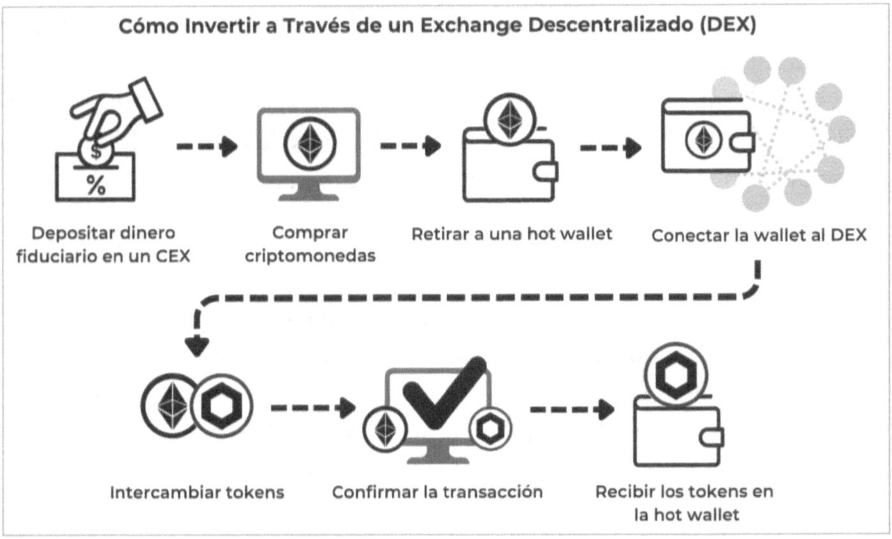

DEX populares:

- **Uniswap:** Uno de los mayores DEX basados en Ethereum para intercambios de tokens.
- **PancakeSwap:** Un DEX de Binance Smart Chain con tarifas más bajas y transacciones más rápidas.
- **dYdX:** Está pasando de un modelo semidescentralizado a un exchange completamente descentralizado con su nueva versión v4, ofreciendo derivados y comercio de margen en su cadena basada en Cosmos.

Exchanges híbridos

Los exchanges híbridos intentan combinar características de los exchanges centralizados y descentralizados. Muchas ofrecen operaciones sin custodia, donde tú manejas tus claves privadas, pero con un libro de órdenes centralizado para agilizar las operaciones y mejorar la liquidez. Esto te da una velocidad y comodidad similares a las de un CEX, con mayor seguridad que las bolsas tradicionales.

Ventajas:

- **Control parcial de los fondos:** Algunas bolsas híbridas te dejan manejar tus claves privadas, aunque otras mantienen algunos elementos de custodia.
- **Interfaz fácil de usar:** Experiencia más fluida que la mayoría de las DEX, manteniendo algunas características descentralizadas.
- **Mejor liquidez que los DEX:** Usa modelos de libro de órdenes o matching centralizado para agilizar las operaciones mientras mejora la seguridad frente a los CEX.

Desventajas:

- **No están totalmente descentralizadas:** Algunas bolsas híbridas todavía gestionan algunos activos de los usuarios o usan infraestructura centralizada.
- **Adopción limitada y riesgos de liquidez:** Como los exchanges híbridos no se usan tanto como los CEX o los DEX, la liquidez y los pares de trading pueden ser más limitados.

Ejemplo: Rhino.fi (antes DeversiFi): ofrece trading con enfoque en la privacidad en Ethereum y con transacciones rápidas.

Exchanges de criptomonedas para principiantes

Si estás empezando en el mundo cripto, estos exchanges te ofrecen interfaces sencillas, recursos educativos y buena seguridad:

- **Coinbase**: Ideal para principiantes gracias a su plataforma intuitiva y cumplimiento normativo.
- **Binance**: Tiene Binance Lite, perfecto para iniciarte en el trading, y muchísimos materiales para aprender.
- **Kraken**: Destaca por su seguridad sólida y su amplia oferta de criptomonedas, ideal si quieres avanzar más allá del nivel principiante.

Vas a notar que todos estos son exchanges centralizados, que tienen una curva de aprendizaje mucho más suave. Cada plataforma tiene un enfoque diferente, así que piensa bien qué te importa más: seguridad, facilidad de uso, comisiones o variedad de criptomonedas.

Factores y funciones clave a tener en cuenta

Más allá de elegir entre un CEX, DEX o exchange híbrido, también deberías evaluar estos aspectos:

- **Reputación y seguridad**: Investiga el historial del exchange, las opiniones de otros usuarios y cualquier incidente de seguridad que haya tenido. Asegúrate de que use cifrado fuerte y autenticación en dos pasos. Algunos incluso ofrecen seguros para proteger los fondos de los usuarios.
- **Criptomonedas y pares disponibles**: Revisa si puedes comprar, vender o intercambiar las monedas que te interesan. Algunos exchanges solo tienen monedas grandes como BTC o ETH, mientras que otros ofrecen cientos de altcoins. Binance, por ejemplo, tiene más de 600 monedas. Pero más no siempre es mejor, sobre todo si estás empezando.
- **Comisiones y costos de transacción**: Compara las comisiones por trading, depósitos y retiros. Algunos exchanges usan un sistema maker-taker con descuentos para quienes operan con volúmenes grandes.
- **Liquidez y profundidad de mercado**: Cuanta más liquidez tiene un exchange, más rápido se ejecutan las órdenes y con menos variación de precio. En exchanges con poca liquidez, puedes sufrir deslizamientos o spreads más altos.
- **Experiencia de usuario y acceso móvil**: Fíjate que la plataforma tenga una interfaz clara y fácil de usar. Si prefieres operar desde el celular, busca que tenga una buena app móvil.
- **Regulación y cumplimiento**: Algunos exchanges te piden verificación KYC, mientras que otros permiten operar de forma anónima. Verifica si el exchange está autorizado a operar en tu país para evitar problemas.
- **Integración con wallets y custodia**: Algunos exchanges ofrecen wallets integradas, y otros requieren que uses una wallet externa.

Algunos son de custodia (custodial wallets) y otros requieren que tú mismo gestiones la seguridad (non-custodial).

Funciones de seguridad y buenas prácticas de Exchange

La seguridad es un factor esencial al elegir un exchange de criptomonedas. Con miles de millones en activos digitales circulando, se requieren medidas de seguridad robustas para proteger los fondos de los usuarios frente a amenazas cibernéticas, fraudes y posibles fallos en el exchange.

Un exchange bien protegido implementa distintos niveles de protección, desde la seguridad a nivel de cuenta, como la autenticación de dos factores, hasta el almacenamiento en frío de nivel institucional, que mantiene la mayoría de los activos fuera de línea. Conocer estas características de seguridad te ayudará a evaluar la fiabilidad de un exchange y a proteger tus inversiones.

Principales características de seguridad que debe tener un Exchange

Autenticación de dos factores

La autenticación de dos factores es la primera línea de defensa contra los hackers. En lugar de usar solo una contraseña, el 2FA requiere un paso de verificación adicional, como:

- Un código de un solo uso enviado por SMS o correo electrónico.
- Una aplicación de autenticación como Google Authenticator o Authy.
- Una llave de seguridad de hardware (como YubiKey) para una máxima protección.

Ventajas:

- Impide el acceso no autorizado incluso si tu contraseña es comprometida.
- Protege contra ataques de phishing e intentos de inicio de sesión por fuerza bruta.

- Es requisito en la mayoría de los exchanges de renombre, incluyendo Binance, Kraken y Coinbase.

Desventajas:

- La 2FA prácticamente no tiene inconvenientes, más allá de la ligera molestia de confirmar tu identidad.

Mejor práctica: activa siempre el 2FA para tu cuenta de Exchange y utiliza una aplicación de autenticación o una llave de seguridad de hardware siempre que sea posible. La autenticación basada en SMS puede ser vulnerable a ataques de intercambio de SIM.

Cold Storage (Almacenamiento en frío)

Busca un exchange que almacene la mayoría de sus tenencias en cold wallets.

Ventajas:

- Reduce los riesgos de hackeo al mantener la mayoría de los activos inaccesibles desde Internet.
- Evita que las violaciones masivas del exchange afecten a todos los fondos de los usuarios.
- Muchas de las principales bolsas, como Binance, Kraken y Coinbase, almacenan más del 90 % de los activos digitales en cold wallets.

Ejemplo: en 2019, Binance sufrió una brecha de seguridad, perdiendo 7,000 BTC (~ $40 millones en ese momento). Sin embargo, debido a que la mayoría de los fondos estaban en almacenamiento en frío, los usuarios no se vieron afectados, y Binance reembolsó las pérdidas a través de su Fondo de Activos Seguros para Usuarios (SAFU).

Multi-signature Wallets (wallets multifirma)

Las wallets multifirma (multi-sig) requieren múltiples aprobaciones antes de ejecutar una transacción. La mayoría de las wallets estándar solo necesitan una private key para mover fondos, mientras que las wallets multifirma exigen dos o más firmas de las partes designadas.

Ventajas:

- Evita un único punto de fallo, ya que ninguna persona puede mover fondos por sí sola.
- Añade seguridad adicional para grandes transacciones y fondos institucionales.
- Ayuda a reducir los riesgos derivados de amenazas internas o claves comprometidas.

Muchos fondos de cobertura de criptomonedas y grandes empresas de inversión utilizan multi-sig wallets para proteger transacciones de alto valor. BitGo, un proveedor de custodia de activos digitales, implementa multi-sig cold wallets para mejorar la seguridad de los clientes institucionales.

Mejor práctica: si tu bolsa ofrece seguridad multi-sig, utilízala, especialmente para grandes retiradas.

Cobertura de seguros y segregación de fondos

Muchas de las principales bolsas ofrecen pólizas de seguro que protegen los fondos de los usuarios contra piratería informática, fraude y fallos operativos. Además, la segregación de fondos garantiza que:

- Los activos de los usuarios se mantienen separados de los fondos operativos de la empresa.
- Los exchanges no pueden utilizar los fondos de los clientes para sus propios gastos u operaciones.
- En caso de insolvencia, es más probable que se puedan recuperar los fondos de los usuarios.

Ejemplos:

- Coinbase ofrece un seguro contra delitos para los activos digitales almacenados en sus hot wallets. Esto no cubre las pérdidas derivadas de infracciones por parte del usuario, como la suplantación de identidad o el robo de credenciales.
- Gemini Exchange está asegurado por Aon, lo que proporciona una protección adicional al usuario.

Mejor práctica: comprueba si un exchange ofrece seguros y confirma cómo gestionan los fondos de los usuarios en caso de problemas financieros.

Transparencia y auditorías de seguridad

Los exchanges reputadas supervisan continuamente las vulnerabilidades y mejoran sus defensas mediante auditorías de seguridad. Los exchanges transparentes a menudo:

- Publican informes de auditoría que detallan cómo aseguran los fondos.
- Implantan sistemas de prueba de reservas que demuestran que disponen de activos suficientes para cubrir los saldos de los clientes.
- Proporcionan registros detallados de infracciones y mejoras anteriores.

Mejor práctica: elige una bolsa que comparta públicamente sus prácticas de seguridad, auditorías y políticas de gestión de fondos.

Incluso con prácticas de seguridad sólidas, algunos exchanges han sufrido graves infracciones en el pasado. Conocer estos incidentes puede ayudarte a detectar señales de alarma y a elegir bolsas más seguras.

Hacks anteriores de exchanges

Algunas infracciones cambiarias destacables son:

- **El colapso de Mt. Gox (2014):** el mayor hackeo de bitcoins de la historia. Mt. Gox perdió 850.000 BTC (valorados en 450 millones de dólares en aquel momento) debido a fallos de seguridad. Los deficientes controles internos y la falta de almacenamiento en frío hicieron que los fondos fueran vulnerables a robos inadvertidos a largo plazo. La bolsa se hundió, dejando a miles de usuarios sin opciones de recuperar sus fondos.
- **El hackeo de Bitfinex (2016):** *exploit* multifirma. Los piratas informáticos aprovecharon una vulnerabilidad en la implementación de la wallet multifirma de Bitfinex con BitGo, lo que provocó la pérdida de 120.000 BTC.
- **El hackeo de Coincheck (2018):** 530 millones de dólares robados. Coincheck perdió 523 millones de tokens NEM debido a sus deficientes medidas de seguridad. A diferencia de otras grandes bolsas, Coincheck almacenaba grandes cantidades de fondos en hot wallets. Eran un blanco fácil.

Cómo protegerse cuando se utiliza un Exchange

Sigue estas buenas prácticas para mantener a salvo tus inversiones:

- **Activa la autenticación de dos factores:** siempre activa la autenticación de dos factores para el inicio de sesión, los reintegros y los cambios en la cuenta, al igual que proteges tus claves privadas.
- **Utiliza contraseñas seguras:** evita reutilizar contraseñas en varias plataformas.
- **Retira las tenencias a largo plazo a una cold wallet:** no dejes grandes cantidades de cripto en un exchange. En vez de eso, guárdalas en una hardware wallet como los que comentamos en el capítulo 4. Revisa si el exchange que usas almacena cripto en cold wallets multi-sig. Esa información debería ser pública.

- **Verifica las direcciones de retirada de fondos:** comprueba siempre las direcciones antes de enviar fondos.
- **Supervisa la actividad de la cuenta:** revisa periódicamente los intentos de inicio de sesión y las transacciones para detectar actividades sospechosas.

Ahora que ya conoces los distintos tipos de bolsas y cómo mantenerte seguro, ya tienes todo lo que necesitas saber para realizar tu primera inversión. La realidad es que, a medida que adquieras más experiencia como inversor, es posible que utilices varias bolsas. Muchos inversores usan una bolsa centralizada para comprar cripto de las ofertas más populares y luego utilizan DEX para encontrar monedas y tokens más oscuros. Elige una bolsa, configura tu cuenta y quizás incluso compra algo de cripto. En el próximo capítulo, repasaremos estrategias de inversión inteligentes que te ayudarán a construir con confianza tu wallet cripto.

6 CREAR UNA HOJA DE RUTA: ESTRATEGIAS DE INVERSIÓN PARA PRINCIPIANTES

Todavía me acuerdo de los primeros días de mayo de 2021. Bitcoin llegó a los 63.000 dólares (que en ese momento era muchísimo). Ethereum se disparó más allá de los 3.600 dólares, y siguió subiendo hasta pasar los 3.900. Fue emocionante. Yo también era nuevo en el mundo cripto... e ingenuo.

Así que me tiré de cabeza. Con todo. Con dinero que no podía darme el lujo de perder. Compré cerca del pico absoluto y me asusté poco después.

Bitcoin se desplomó un 50 % en cuestión de días. Ethereum también se vino abajo. Las altcoins que había comprado se desplomaron. Cada mañana me dolía el estómago al revisar mi portafolio. En pocas semanas, había perdido más de 10.000 dólares. Historia real.

¿Por qué pasó eso? Fácil. No tenía ningún plan. Ninguna estrategia. Ninguna regla. Solo emociones y el miedo desesperado de quedarme afuera. Quería libertad financiera y alguien me había dicho que este era el camino.

Compré cuando subía. Vendí en pánico cuando bajaba. No tenía idea de lo que estaba haciendo. Usé apalancamiento sin entenderlo bien. Cada decisión parecía lógica en el momento, impulsada por la codicia o el terror.

Mirando hacia atrás, veo claramente el patrón de alguien que estaba apostando, no invirtiendo.

Esa experiencia dolorosa me enseñó la lección más importante sobre invertir: si no tienes un plan concreto, lo que estás haciendo es apostar... con palabras más elegantes.

Muchísima gente comete este mismo error cuando empieza. Reacciona a los movimientos del mercado en vez de seguir una estrategia bien pensada. Compran porque todo sube, venden porque todo baja. Dejan que las emociones tomen el volante.

Un plan de inversión de verdad funciona de otra forma. Establece objetivos y plazos claros. Define cuánta volatilidad estás dispuesto a tolerar. Te da reglas para entrar y salir. Saca las emociones de la ecuación. Pone barandillas para protegerte tanto en momentos de euforia como de pánico.

Si fueras a hacer un viaje en coche, no empezarías a conducir sin rumbo esperando llegar a destino. Trazarías una ruta. Reservarías alojamiento. Consultarías el clima.

En este capítulo vamos a armar tu propio plan de inversión. Vamos a crear reglas pensadas para ti: tus objetivos, tus tiempos, tu tolerancia al riesgo. Vamos a diseñar estrategias que puedan resistir tanto los mercados alcistas como los bajistas.

El mercado va a subir y bajar. Las noticias van a generar miedo o euforia. Pero con un plan bien armado, todo eso se vuelve ruido de fondo, no algo que te desvíe de tu camino.

Cómo crear grandes objetivos de inversión

A pesar de mi historia personal de terror, invertir en criptomonedas puede ser una experiencia emocionante. No dejes que mi historia se convierta en la tuya.

Tomarte un tiempo para reflexionar y evaluar tu capacidad financiera, tu tolerancia al riesgo y tus objetivos personales son pasos importantes para desarrollar un plan de inversión que se ajuste a tu estrategia de creación de riqueza a largo plazo y a tus necesidades financieras a corto plazo. Recorrámoslo juntos.

Paso 1: Determina tu capacidad financiera y tu tolerancia al riesgo

Antes de poner todos tus ahorros en DOGE, revisa tu situación financiera actual. Los mercados de criptomonedas son volátiles. Los precios pueden cambiar drásticamente en cuestión de horas o incluso minutos. Un minuto el mercado está tranquilo, y media hora después todo se desploma un 10%. Si eres más bien reacio al riesgo, necesitas un enfoque que no te quite el sueño ni te despierte sudando por la idea de perder el 30% de tu portafolio de un día para otro. Eso pasa (y puede volver a pasar igual de rápido).

Cómo evaluar tu situación financiera:

1. **Calcula tu ingreso disponible:** Determina cuánto dinero te queda cada mes después de cubrir gastos esenciales como alquiler, servicios, comida y ahorros.
2. **Considera otras necesidades de dinero:** Si tienes otros objetivos financieros a corto plazo además de invertir en cripto, también debes tenerlos en cuenta. ¿Tienes al menos 3 meses de ahorros para emergencias? ¿Quieres diversificar fuera del cripto? ¿Ahorrar para un viaje de ensueño por Europa? ¿Formar una familia? Todo eso importa a la hora de decidir cuánto te sientes cómodo invirtiendo.
3. **Establece un presupuesto de inversión:** Nunca inviertas dinero que no puedas permitirte perder. Empieza de a poco, gana experiencia y aumenta tu inversión a medida que crezcas en confianza.
4. **Entiende tu tolerancia al riesgo:** Pregúntate: ¿Cómo reaccionarías si tu portafolio pierde el 20–50% de su valor de un día para otro? ¿Puedes aguantar un mercado bajista sin entrar en pánico y vender todo? Piensa si te sientes cómodo con oportunidades de alto riesgo y alta recompensa, o si prefieres un crecimiento más estable y a largo plazo. Eso va a definir qué tan agresiva será tu estrategia.

Paso 2: Define tus objetivos cripto

Una vez que tengas claro cuánto puedes invertir y con qué nivel de riesgo te sientes cómodo, lo siguiente es definir metas claras. Un método que funciona muy bien es el marco SMART:

Objetivos SMART:

Específicos: ¿Qué quieres lograr exactamente?

Medibles: ¿Puedes seguir el progreso?

Alcanzables: ¿Es realista según tu situación?

Relevantes: ¿Te acerca a tus verdaderas metas?

Limitados en el tiempo: ¿En qué plazo lo quieres cumplir?

Ejemplo de objetivo SMART:

En vez de decir "*quiero invertir en cripto*", puedes decir:

"*Quiero tener un portafolio de criptomonedas de 20.000 dólares en los próximos 2 años.*"

Este objetivo es claro, medible, realista, relevante y con un plazo definido. Y lo más importante: te da un rumbo.

Ahora bien, no te recomendaría centrarte únicamente en objetivos basados en rentabilidad.

¿Por qué? Porque el mercado es impredecible. Apuntar solo a resultados como "doblar mi dinero" puede hacer que persigas oportunidades riesgosas, tomes malas decisiones y termines perdiendo más de lo que ganas.

En su lugar, te sugiero que elijas objetivos centrados en el proceso. Por ejemplo: invertir 200 dólares al mes durante los próximos 12 meses, o mantener un portafolio diversificado con al menos 4 tipos distintos de criptoactivos. Este tipo de meta está 100 % bajo tu control, sin importar cómo se mueva el mercado.

Los objetivos de inversión son personales. No hay una única respuesta correcta. Pero si apuntas demasiado alto sin bases realistas, puedes terminar con ganancias explosivas... o con pérdidas igual de extremas.

Algunos ejemplos de objetivos comunes:

- Construir patrimonio para el futuro o la jubilación

  Ejemplo SMART: Quiero que el 20 % de mi portafolio de jubilación esté en criptomonedas para 2026.

- Generar ingresos pasivos

  Ejemplo SMART: Quiero un portafolio que me genere 1.000 dólares por mes en ingresos pasivos para 2027.

- Ganancias a corto plazo para estilo de vida o proyectos

  Ejemplo SMART: Quiero obtener al menos 5.000 dólares por año en ganancias cripto antes de cumplir 40.

Paso 3: Divide tu objetivo en hitos y crea un plan para alcanzar cada uno de ellos

Una vez que tengas un objetivo en mente que sea específico, medible, alcanzable, realista y con un plazo determinado, puedes usar ese objetivo para invertir la ingeniería de tu plan de inversión. Necesitas un plan que te ofrezca una oportunidad realista de alcanzarlo, lo que significa tener la estrategia adecuada. Si quieres conseguir un rendimiento del 50 % de tus inversiones en 6 meses, necesitarás una estrategia diferente a la de alguien cuyo objetivo sea diversificar su portafolio de jubilación.

A fin de cuentas, eres tú quien debe decidir cuál es esa estrategia y luego evaluarla periódicamente en función de tu objetivo y ajustarla si es necesario. Veamos cuáles podrían ser algunas de esas estrategias. Después de leer las siguientes secciones, deberías tener una buena idea de qué tipo de estrategias se ajustan a tu objetivo para poder desarrollar tu plan de inversión.

En el núcleo de cualquier plan de inversión hay dos enfoques principales:

- **Inversión a largo plazo:** Comprar y mantener criptoactivos durante un periodo prolongado.

- **Operaciones a corto plazo:** Compra y venta activa para beneficiarse de las fluctuaciones de los precios.

Cada estrategia tiene sus ventajas y sus retos.

HODLing: Inversión a largo plazo

El término "HODL" tiene su origen en un post del foro BitcoinTalk de 2013, donde un usuario, despotricando ebrio sobre la volatilidad de Bitcoin, escribió mal "hold" (aguantar) como "HODL". Lo que empezó como un error tipográfico se convirtió rápidamente en un grito de guerra para los criptoinversores, representando la filosofía de "Holding On for Dear Life".

El HODLing se ha transformado en una estrategia seria de inversión a largo plazo que ha calado hondo. Anima a los inversores a ignorar las fluctuaciones del mercado a corto plazo y a mantener sus inversiones pese a las oscilaciones del mercado.

En esencia, el HODLing se fundamenta en una convicción a largo plazo en los criptoactivos. Es adecuado para los inversores que ahorran dinero para objetivos a medio y largo plazo o para la jubilación. HODLing no es conveniente si estás invirtiendo dinero que esperas necesitar en los próximos 5 años.

Principios clave del HODLing

- **Perspectiva a largo plazo:** Centrarse en el crecimiento a lo largo de años, no en las fluctuaciones diarias de los precios.
- **Disciplina emocional:** Evitar las ventas impulsadas por el miedo durante las caídas del mercado.
- **Creencia en los fundamentos:** Aquí la filosofía es "comprar calidad". Invierte en criptomonedas con casos de uso, tecnología y potencial de adopción sólidos.
- **Minimizar el estrés:** Reducir la necesidad de vigilar constantemente y reaccionar ante las fluctuaciones del mercado a corto plazo.

La imprevisibilidad del mercado puede causar mucho estrés y ansiedad. La estrategia HODL ayuda a los inversores a mantener la calma y la serenidad, enfocándose en los objetivos a largo plazo en lugar de las oscilaciones de los precios a corto plazo.

¿Por qué invertir a largo plazo?

- **Reduce el FOMO:** Los inversores suelen sentirse presionados a comprar cuando los precios suben. Los HODLers se concentran en las ganancias a largo plazo en lugar de perseguir tendencias pasajeras.
- **Evita las ventas por pánico:** Las reacciones emocionales a las caídas del mercado pueden llevar a vender a precios bajos y perderse futuros repuntes. Los HODLers confían en sus inversiones y soportan las caídas.
- **Aprovecha el crecimiento compuesto:** La revalorización de los precios a largo plazo generalmente compensa las fluctuaciones a corto plazo.
- **Requiere un compromiso de tiempo mínimo:** Ideal para inversores con agendas ocupadas que prefieren un enfoque pasivo.

Casos prácticos: Éxito del HODL de Bitcoin y Ethereum

Bitcoin (BTC): El último activo HODL

- A principios de 2010, Bitcoin cotizaba a unos pocos céntimos, y en febrero de 2011 superó brevemente el dólar por primera vez.
- En diciembre de 2017, el BTC estuvo justo por debajo de los 20.000 dólares y en 2021 superó los 60.000 dólares.
- En enero de 2025, BTC alcanzó los 109.000 dólares.
- Los inversores que practicaron HODL desde el principio han obtenido rendimientos exponenciales.

Ethereum (ETH): La paciencia da sus frutos

- Lanzada en julio de 2015, la ETH cotizaba inicialmente entre 0,30 y 0,75 dólares en los primeros mercados.

- En 2021, el ETH alcanzó un máximo histórico de 4.800 dólares.
- A principios de 2025, ETH se sitúa en torno a los 2.000 dólares.
- Aunque ETH ha caído significativamente desde su máximo histórico, aquellos que creyeron en la tecnología de smart contracts de Ethereum y en el crecimiento del ecosistema se han beneficiado sustancialmente desde 2015.

Cómo aplicar eficazmente una estrategia HODL

Adoptar la estrategia HODL requiere planificación y disciplina.

Paso 1: Establece objetivos claros de inversión a largo plazo

- Define por qué estás invirtiendo en cripto (por ejemplo, jubilación, crecimiento del patrimonio, independencia financiera).
- Establece expectativas realistas. A corto plazo, tus inversiones pueden bajar, pero las tendencias de adopción a largo plazo muestran un crecimiento constante.

Paso 2: Elige criptomonedas con fundamentos sólidos

- Investiga proyectos con: casos de uso en el mundo real (por ejemplo, ADA, LINK, SOL), fuerte actividad y adopción por parte de los desarrolladores, y hojas de ruta claras y soluciones innovadoras. Esto se llama análisis fundamental y veremos cómo hacerlo en el capítulo 8.

Paso 3: Asigna los fondos adecuadamente

- Invierte sólo lo que puedas permitirte mantener durante más de 5 años. Considera un portafolio diversificado con una mezcla de blue-chip (Bitcoin, Ethereum) y prometedoras altcoins.

Paso 4: Bloquea todo el ruido

- No reacciones ante el miedo, la incertidumbre y la duda de los medios ni ante caídas a corto plazo. Confía en tu investigación y mantente fiel a tu tesis a largo plazo.

Paso 5: Revisa tu estrategia periódicamente

- Sigue la evolución de tu portafolio cada año. Ajusta las posiciones si cambian los fundamentos. Evita reacciones precipitadas.

Cuándo salir de una posición HODL

Aunque HODLing es una estrategia a largo plazo, hay momentos en los que vender puede tener sentido. Aquí algunas situaciones en las que vender está justificado:

- **Cambios fundamentales importantes:** Si un proyecto lleva varios años en marcha y no ha logrado la adopción del mercado o se enfrenta a riesgos normativos.
- **Reequilibrio del portafolio:** Ajuste de las asignaciones para asegurar los beneficios y diversificar las participaciones.
- **Necesidades financieras:** Si necesitas fondos para gastos de la vida real, está bien retirar dinero estratégicamente. Hablaremos de las implicaciones fiscales de hacerlo en el capítulo 9.

Retos de la inversión a largo plazo

- **Soportar las caídas del mercado:** Los precios pueden caer significativamente antes de repuntar. La paciencia es clave.
- **Pérdida de beneficios a corto plazo:** Mantener una posición a largo plazo significa perder la oportunidad de recoger beneficios rápidamente.
- **Riesgos normativos y tecnológicos:** Las criptomonedas avanzan muy deprisa, y algunos proyectos pueden quedar obsoletos y perder relevancia con el tiempo a medida que llegan al mercado innovaciones tecnológicas más superiores.

Operaciones a corto plazo: Aprovechar la imprevisibilidad del mercado

Las operaciones a corto plazo consisten en comprar y vender con frecuencia para sacar partido de las fluctuaciones de los precios en el mercado. A diferencia de la inversión a largo plazo, las estrategias a corto plazo exigen una supervisión constante, habilidad para el análisis técnico y rapidez en la toma de decisiones.

¿Por qué elegir el comercio a corto plazo?

- **Potencial de ganancias rápidas:** Los operadores pueden capitalizar las fluctuaciones diarias o semanales de los precios.
- **Oportunidad de protegerse contra las caídas del mercado:** Los beneficios de las operaciones a corto plazo pueden compensar las pérdidas a largo plazo.
- **Implica una participación activa en el mercado:** Atrae a quienes disfrutan analizando gráficos, tendencias y noticias.

Retos del comercio a corto plazo

- Alto estrés y presión emocional: Requiere atención y toma de decisiones constantes.
- Aumento de las comisiones de negociación: Las transacciones frecuentes pueden acumular importantes comisiones, por lo que hay que ser consciente del precio al que se compra y vende para determinar cuál es el beneficio real.
- Riesgo de pérdidas importantes: La mala sincronización o la negociación emocional pueden provocar pérdidas financieras sustanciales.

Estrategias populares de negociación a corto plazo

- **Swing Trading:** Comprar cripto a un precio bajo y venderlo unos días o semanas después, cuando el precio sube. Requiere análisis técnico para identificar tendencias y ciclos de mercado.
- **Day Trading:** Compra y venta de criptomonedas en un solo día para beneficiarse de los movimientos intradía de los precios.

Requiere una ejecución rápida, conocimiento del mercado y una estricta gestión del riesgo.

- **Scalping:** Consiste en realizar múltiples operaciones en cuestión de minutos u horas para beneficiarse de las pequeñas fluctuaciones de los precios. Es muy técnico y adecuado para operadores con experiencia.

Largo plazo vs. corto plazo: ¿Qué criptoestrategia te conviene?

En resumen, la elección entre invertir a largo plazo y operar a corto plazo depende de varios factores:

1. Tus objetivos de inversión

- **A largo plazo:** Creación de riqueza, planificación de la jubilación o inversión pasiva.
- **A corto plazo:** Generación de ingresos, oportunidades de beneficios rápidos o aprovechamiento de la imprevisibilidad.

2. Compromiso de tiempo deseado

- **A largo plazo:** Requiere un tiempo mínimo: revisa el portafolio periódicamente.
- **A corto plazo:** Requiere un análisis constante del mercado y la toma de decisiones.

3. Tu tolerancia al riesgo

- **A largo plazo:** Adecuado para inversores con aversión al riesgo que pueden soportar las caídas del mercado sin entrar en pánico.
- **A corto plazo:** Atrae a los inversores tolerantes al riesgo que se sienten cómodos con las decisiones rápidas y las fluctuaciones de precios.

4. Tu conocimiento del mercado y tu experiencia

- **A largo plazo:** Requiere conocimientos básicos de blockchain, fundamentos de criptomonedas y viabilidad de proyectos.
- **A corto plazo:** Requiere conocimientos de análisis técnico, lectura de gráficos y disciplina de negociación activa.

Mejor práctica: Si no estás seguro, empieza invirtiendo a largo plazo antes de explorar las operaciones a corto plazo.

Estrategia híbrida: Combinación de inversiones a corto y largo plazo

Muchos inversores optan por combinar ambas estrategias para maximizar la rentabilidad mientras gestionan el riesgo. Un enfoque híbrido permite aprovechar tanto los ciclos del mercado como las oportunidades a corto plazo.

Cómo implementar una estrategia híbrida

- **70 % Holding a largo plazo (BTC, ETH, Monedas de gran capitalización):** Proporciona estabilidad y crecimiento a largo plazo.
- **20 % Swing Trading (Altcoins de mediana capitalización, Soluciones de Capa 1 y 2):** Ofrece un riesgo moderado y ganancias potenciales.
- **10 % Especulativo (NFT, DeFi, Meme Coins):** Implica apuestas de alto riesgo y alta rentabilidad en tendencias emergentes.

Ahora, vuelve a considerar el objetivo que te has planteado. ¿Qué estrategia te funcionará mejor? ¿HODL? ¿Operar? ¿O ambas?

Pero elegir una estrategia es solo el comienzo. Para aumentar las probabilidades de éxito y proteger tus inversiones a lo largo del tiempo, también querrás pensar en cómo construir un portafolio bien equilibrado.

Diversificación del portafolio de criptomonedas

Al igual que no elegirías comer solo un tipo de comida en un bufé, no deberías destinar todo tu dinero a una sola criptomoneda. Incluso los activos más relevantes, como Bitcoin y Ethereum, pueden experimentar fuertes fluctuaciones en su precio. Diversificar tu portafolio te ayuda a gestionar el riesgo y a suavizar los rendimientos: cuando un activo baja, otros pueden subir o mantenerse estables. La manera de diversificar dependerá de si eres un HODLer a largo plazo o un trader a corto plazo.

¿Por qué es importante la diversificación?

Un portafolio de criptomonedas diversificado puede:

- **Aprovechar las diferentes oportunidades de crecimiento:** Repartir las inversiones entre varios tipos de criptoactivos, como los tokens DeFi, las plataformas Layer 1 o las monedas relacionadas con NFT, te permite beneficiarte del crecimiento en distintas áreas del mercado.
- **Gestionar el riesgo a lo largo de los ciclos del mercado:** Durante las fases alcistas, las altcoins a menudo superan a Bitcoin (lo que se conoce como "temporada altcoin"). Pero cuando el mercado se vuelve bajista, Bitcoin suele preservar mejor su valor. Una combinación de activos te ayuda a protegerte en todas las condiciones.

En lugar de apostar todo a un solo proyecto, los inversores inteligentes construyen un portafolio con un equilibrio de estabilidad, innovación y potencial de crecimiento.

Factores clave de la diversificación

Al seleccionar criptomonedas para tu portafolio, es esencial evaluar los activos en función de varios factores clave:

Capitalización de mercado y liquidez

La capitalización de mercado indica el tamaño global y la estabilidad de una criptomoneda. La liquidez garantiza que los activos puedan comprarse o venderse fácilmente sin afectar significativamente el precio.

Casos de uso y aplicaciones industriales

Cada criptomoneda cumple una función diferente. Algunas se centran en la privacidad, otras en los servicios financieros, el juego o el desarrollo de infraestructuras. Investiga el problema que cada activo pretende resolver y si su tecnología ofrece una ventaja competitiva.

Correlación de activos

La correlación de activos mide cómo se mueven las criptomonedas entre sí. Algunas monedas, como Bitcoin y Ethereum, a menudo se mueven en sincronía, lo que significa que no equilibrarán completamente el riesgo en una caída. Idealmente, tu portafolio debería incluir activos de baja correlación que se comporten independientemente unos de otros. Si tu portafolio de criptomonedas es solo una parte de tu portafolio más amplio, que también incluye inversiones tradicionales como acciones y bonos, esto podría ser menos preocupante para ti porque las criptomonedas no tienden a estar altamente correlacionadas con esos mercados por ahora.

Comprender la correlación de activos es clave para construir un portafolio de criptomonedas equilibrado. Pero la forma de estructurar ese portafolio también es fundamental. Veamos algunas estrategias prácticas para integrar las criptomonedas en un plan de inversión más amplio.

Estrategias de integración de portafolios

Fondos indexados y ETF criptográficos

Los productos de criptoíndice (ofrecidos por plataformas como Bitwise y Crypto20) buscan rastrear múltiples criptomonedas, aunque los fondos de criptoíndice aún no están ampliamente disponibles a través de cuentas de corretaje tradicionales.

Los ETF de Bitcoin, tanto al contado como de futuros, ofrecen ahora acceso regulado a los criptomercados. Existen ETF de futuros de Ethereum, pero un ETF de ETH al contado con sede en EE. UU. sigue pendiente de aprobación a principios de 2025.

Enfoque núcleo-satélite

- **Portafolios básicos:** Las inversiones tradicionales (acciones, bonos, ETF) constituyen la base del portafolio.
- **Participaciones satélite:** Las criptomonedas ofrecen un alto potencial de crecimiento sin comprometer la estabilidad, ya que representan un porcentaje menor de tu portafolio en comparación con los activos tradicionales.

Averaging de costo en dólares (DCA) en criptomonedas

El DCA suaviza las oscilaciones de los precios de las criptomonedas mediante compras sistemáticas (como si destinaras el 3 % de cada sueldo a la jubilación). Compras cuando los precios suben y cuando caen. Se acabaron los reproches por comprar en máximos históricos.

Perfecto para los inversores que saben que cronometrar los mercados es básicamente imposible. Y seamos realistas, eso somos todos.

TRES ESTILOS DE PORTAFOLIO QUE REALMENTE FUNCIONAN

1. El portafolio "Dormir bien por la noche" (bajo riesgo)

- 60 % Bitcoin
- 20 % Ethereum
- 20 % Stablecoins (USDT, USDC)

Ideal para: personas que no soportan ver caer su portafolio de la noche a la mañana. Creyentes a largo plazo que solo quieren exposición sin dramatismo.

2. La máquina del crecimiento (riesgo medio)

- 40 % Bitcoin
- 30 % Ethereum
- 20 % Altcoins sólidas (ADA, SOL, DOT)
- 10 % tokens DeFi (AAVE, UNI, LINK)

Ideal para: inversores cómodos con un riesgo moderado para obtener mejores rendimientos. Adecuado para objetivos a medio plazo o para jóvenes ahorradores de cara a la jubilación.

3. El portafolio Moonshot (alto riesgo)

- 50 % Blue Chips (BTC, ETH, BNB)
- 30 % Altcoins de pequeña capitalización
- 20 % Inversiones especulativas: NFT, meme coins y tokens de juegos que podrían multiplicarse por 100 (o llegar a cero)

Perfecto para: arriesgados con estómago de hierro. El equivalente cripto a saltar en paracaídas sin comprobar dos veces el paracaídas.

Gestiona tus criptomonedas como un profesional

La diversificación por sí sola no te salvará. Añade estos hábitos:

- **Reequilibra periódicamente:** Tu división 80/20 de hoy puede convertirse en 95/5 después de una gran subida. Arréglalo.
- **Mantente informado:** Sigue al día con las noticias sin dejarte arrastrar por el drama de redes sociales.
- **Limita tu riesgo:** Nunca inviertas más de un 5–10% en moonshots a menos que te guste el sufrimiento financiero.
- **Seguridad de portafolios:** Almacenamiento en frío para tu fondo de jubilación, carteras calientes para el comercio diario.

Además, no se pueden predecir los mercados con perfección, pero sí se puede estar preparado para lo que suceda.

Los HODLers deberían hacer acopio durante los mercados bajistas en lugar de vender por pánico.

Los operadores pueden utilizar patrones cíclicos para programar mejor las entradas y salidas.

Los novatos deben estudiar la historia del mercado para evitar errores emocionales que les cuesten dinero.

Ejercicio: Crea tu plan de juego criptográfico personal

Es hora de dejar de leer y empezar a actuar.

Paso 1: Establece un objetivo de inversión SMART

Elige algo Específico, Medible, Alcanzable, Relevante y con un plazo Temporal.

Preguntas para responder:

- ¿Cuánto vas a invertir cada mes?
- ¿En qué activos te enfocas?
- ¿Cuál es el plazo para alcanzar tu objetivo?

Ejemplo: "*Invertiré 4300 mensuales en: 50 % BTC, 30 % ETH, 20 % en altcoins. Revisión de portafolio cada seis meses.*"

Paso 2: Elige tu estilo de inversión

Adapta tu estrategia a tu personalidad y estilo de vida:

- ¿Quieres ser un inversor pasivo o un operador activo? ¿O prefieres una combinación de ambos?
- ¿Cómo vas a afrontar las caídas del mercado?

Ejemplo: "*Voy a largo plazo, manteniendo al menos tres años mientras busco ingresos pasivos.*"

Paso 3: Elabora tu plan de diversificación

Asegúrate de que la asignación de activos se alinee con tu objetivo y nivel de riesgo.

- ¿Está mi portafolio equilibrado entre activos de alto riesgo y estables?
- ¿Conozco los riesgos de cada inversión?

Ejemplo: "*Para equilibrar crecimiento y estabilidad, asignaré un 70 % a tenencias a largo plazo (BTC & ETH), un 20 % a altcoins y un 10% a stablecoins."*

Paso 4: Convierte tu estrategia en un plan de acción

Transforma tu estrategia en un calendario factible. Este es un ejemplo para alguien con una estrategia a largo plazo:

- **0–6 meses:** Aprende, sigue las tendencias y haz pequeñas inversiones de prueba.
- **6–12 meses:** Invierte de forma constante (por ejemplo, 300 $/mes), apuesta por activos y supervisa el rendimiento.
- **1–3 años:** Diversifica más, recoge beneficios cuando sea necesario y reequilibra en función de los cambios del mercado.
- **Más de 3 años:** Mantén participaciones a largo plazo, retira beneficios y reinvierte estratégicamente.

Paso 5: Comprométete a evaluar regularmente

Establece una revisión trimestral o semestral para reevaluar tu objetivo y planificar hacia dónde te diriges:

- Revisa tu tolerancia al riesgo y tus objetivos.
- Ajusta tu portafolio según sea necesario.
- Toma beneficios o reinvierte según las condiciones del mercado.

No todos los planes son perfectos desde el inicio, y puede que descubras que tu objetivo no es tan realista como pensabas, que eres menos tolerante al riesgo de lo que creías o que no quieres dedicar el tiempo y la energía necesarios para aprender lo que se necesita para ser un inversor a corto plazo exitoso. No pasa nada, solo tienes que adaptarte según sea necesario.

Incluso con un buen plan en marcha, muchos principiantes caen en trampas comunes que pueden descarrilar su progreso y provocar costosos errores. En el siguiente capítulo, desglosaremos los errores de inversión más frecuentes y, lo que es más importante, cómo evitarlos.

7 ERRORES COMUNES DE LOS INVERSORES, ESTAFAS Y CÓMO EVITARLOS

Floyd Mayweather Jr. fue el centro de atención, mostrando su característica sonrisa. La leyenda del boxeo sostenía una Centra Card, una elegante tarjeta de débito metálica que prometía a los usuarios gastar su criptomoneda en cualquier lugar. "Yo personalmente poseo Centra Token", presumió Mayweather en Instagram. "Puedes llamarme Floyd 'Crypto' Mayweather a partir de ahora".

Corría el año 2017. Un año en el que las criptomonedas fluyeron como el agua.

Detrás de Centra Tech estaban Sam Sharma, Ray Trapani y Robert Farkas, tres veinteañeros sin experiencia en finanzas o tecnología. Afirmaban que su tarjeta Centra podía convertir instantáneamente criptomonedas en efectivo para compras en cualquier tienda. Su ICO (Oferta Inicial de Monedas) recaudó más de 25 millones de dólares de impacientes inversores.

Pero había un problema. Uno grande.

Toda la operación se basaba en mentiras. ¿Los ejecutivos que aparecen en su página web? Inventados. ¿Sus asociaciones con Visa y Mastercard? Nunca existieron. ¿Sus licencias para operar en 38 estados? Pura ficción. ¿Una tarjeta Centra en funcionamiento? Completamente inventada. Los cofundadores crearon incluso un falso director general llamado "Michael Edwards", con una foto robada y una biografía inventada que afirmaba que tenía más de 20 años de experiencia bancaria. La foto de "Michael Edwards" en el sitio web de Centra Tech era en realidad la de un profesor universitario que vivía en Canadá y que no tenía ni idea de que era el falso director general de esta empresa.

En abril de 2018, el FBI detuvo a Sharma y Farkas. La SEC los acusó de fraude. Trapani aceptó un acuerdo con la fiscalía y no recibió pena de cárcel. Mayweather y DJ Khaled pagaron más tarde fuertes multas por promover la estafa sin revelar que se les pagaba por hacerlo. Los inversores perdieron su dinero. Muchos nunca recuperaron un céntimo.

Si te interesa saber más sobre esta estafa, hay un documental en Netflix llamado Bitconned que cuenta la historia con mucho más detalle.

La estafa de Centra Tech pone de relieve algo crucial sobre la criptoinversión: los avales de los famosos no significan nada. El marketing llamativo puede enmascarar promesas vacías. Las cosas que parecen demasiado buenas para ser verdad suelen serlo.

Es fácil pensar: "Yo nunca caería en eso". Pero las estafas como Centra Tech no eran fraudes aleatorios de Internet. Estaban pulidas, bien comercializadas y engañaban incluso a inversores experimentados. Y no estaban solos.

Centra Tech no fue el único proyecto que se aprovechó de los inversores. El boom de las ICO de 2017 fue una fiebre del oro que hizo ricos a algunos, pero dejó arruinados a muchos otros. Para entender por qué, veamos cómo funcionaban las ICO y por qué se hicieron tan populares.

¿Qué son las ICO y cómo funcionan?

Una Oferta Inicial de Monedas es un mecanismo de recaudación de fondos que utilizan startups basadas en blockchain para obtener capital antes de lanzar oficialmente un nuevo token o plataforma, sin tener que depender de bancos o inversores de capital riesgo. Es similar al "Kickstarter" de las criptomonedas. Un equipo presenta una idea, la gente invierte temprano y, si el proyecto tiene éxito, esos inversores ganan dinero. Pero si fracasa (o resulta ser una estafa, como ocurrió a menudo en 2017), esos tokens pierden su valor.

Entre 2017 y 2018, las ICO recaudaron más de 20.000 millones de dólares.

Este periodo también reveló importantes fallos en el sistema:

1. La falta de regulación

○ A diferencia de las OPI (Ofertas Públicas Iniciales) tradicionales, las ICO carecían de supervisión gubernamental o protección para los inversores.

○ Esto permitió que se lanzaran fácilmente proyectos fraudulentos, prometiendo rendimientos poco realistas con escasa rendición de cuentas.

2. La mayoría de las ICO fracasaron o desaparecieron

Un informe de 2018 descubrió que casi el 80 % de las ICO lanzadas en 2017 eran estafas, y otro 10 % fracasó en menos de un año. Muchos proyectos nunca desarrollaron productos funcionales, dejando a los inversores con tokens sin valor.

POR QUÉ SIGUE SIENDO IMPORTANTE

Estas estafas no fueron hechos aislados. Formaban parte de un patrón que aún se repite, aunque de nuevas formas. Puede que las ICO ya no dominen el espacio de las criptomonedas, pero las reglas del juego no han cambiado. Los estafadores siguen prometiendo enormes beneficios, utilizando grandes campañas de marketing y contando con el FOMO para atraer a los inversores. Si entiendes cómo las ICO engañaban a la gente, reconocerás las mismas señales de alerta en el mercado actual de criptomonedas. Ya sea una moneda meme, un falso proyecto DeFi o rendimientos que parecen demasiado buenos para ser verdad, se aplican las mismas señales de alerta.

Invertir de manera segura e inteligente es un tema recurrente en este libro. Ya hemos discutido cómo ser un inversor inteligente, eligiendo las carteras adecuadas para almacenar tu cripto y protegiendo tus claves privadas. Hablaremos de cómo prepararte para las cargas fiscales que vienen con la compra y venta de cripto, para que no te sorprenda una auditoría del IRS el próximo año. Este capítulo está dedicado a otros errores que cometen los criptoinversores. Los costosos. Los que pueden acabar con los ahorros, aplastar los sueños y hacerte cuestionar tu juicio. Los tipos de errores que necesitas conocer. Te mostraré cómo detectar estas trampas antes de que caigas en ellas.

Creo que la mayoría de las pérdidas en criptomonedas no se producen durante las caídas del mercado. Ocurren cuando personas inteligentes cometen errores evitables. Confían en las personas equivocadas. Ignoran las señales de alarma. Se precipitan en sus decisiones. Omiten la investigación básica. Olvidan que solo se pierde dinero cuando se vende la inversión en lugar de mantenerla.

Estafas comunes con criptomonedas y cómo protegerse

Ataques de phishing

Si alguna vez has abierto una cuenta en una bolsa de criptomonedas, es probable que hayas recibido un correo electrónico que parecía provenir de la bolsa, afirmando que tu cuenta había sido bloqueada o comprometida, y que necesitabas tomar medidas urgentes para restablecerla haciendo clic en un enlace incluido en el correo electrónico. El phishing es una de las estafas más frecuentes en el espacio criptográfico por una razón: funciona. Los estafadores envían correos electrónicos, mensajes de texto o mensajes fraudulentos que parecen proceder de una bolsa de confianza. Pueden ser engañosos porque muchos de ellos parecen legítimos.

Estos mensajes suelen:

- Afirmar que tu cuenta ha sido comprometida o que requiere una acción urgente.
- Contener enlaces de inicio de sesión falsos que conducen a sitios web diseñados para robar tus credenciales.
- Solicitar información sensible, como tu contraseña, claves privadas o códigos 2FA.

Cómo mantenerse a salvo:

- Verifica siempre la dirección del remitente del correo electrónico y evita hacer clic en enlaces de mensajes no solicitados.
- Introduce manualmente la URL del exchange en lugar de confiar en los enlaces de correo electrónico.
- Activa códigos anti-phishing (ofrecidos por bolsas como Binance) para detectar correos electrónicos falsos.

Recuerda que los exchanges nunca te pedirán información confidencial por correo electrónico.

Sitios web falsos de exchanges

Los estafadores crean sitios web que se parecen mucho a los exchanges legítimas para engañar a los usuarios y conseguir que introduzcan sus datos de acceso. Una vez introducidas las credenciales, los estafadores acceden a la cuenta real y roban los fondos.

Cómo identificar sitios web falsos:

- Busca el cifrado HTTPS (un ícono de candado junto a la URL).
- Verifica el nombre de dominio. Los estafadores utilizan pequeños errores ortográficos, como "binace.com" en lugar de "binance.com".
- Usa marcadores para guardar la URL del exchange correcto para futuros inicios de sesión.
- De nuevo, una herramienta como Wallet Guard puede ayudarte a detectar estos sitios.

Esquemas Ponzi y plataformas de inversión falsas

Los esquemas Ponzi atraen a los inversores con altos rendimientos garantizados y un riesgo mínimo. A los primeros inversores se les paga con el dinero de los nuevos, creando un ciclo que se colapsa cuando disminuye la captación. Estas son algunas de las señales de alarma de los esquemas Ponzi:

- Rentabilidades poco realistas (por ejemplo, "¡Gana un 10 % diario sin riesgo!").
- No existe un modelo de negocio claro que explique cómo se generan los beneficios.
- Presión para reclutar a otros para ganar recompensas.

Cómo mantenerse a salvo:

- Sé escéptico ante cualquier criptoinversión que garantice altos rendimientos sin riesgo.
- Investiga el equipo, la tecnología y el modelo de negocio antes de invertir.
- Comprueba el cumplimiento de la normativa y las opiniones de los usuarios.

Para conocer un ejemplo clásico de cómo funcionan los esquemas Ponzi, "Madoff: el monstruo de Wall Street" de Netflix ofrece un excelente estudio de caso en profundidad.

Sistemas de bombeo y descarga

Los estafadores inflan artificialmente el precio de una altcoin mediante publicidad engañosa y falsos apoyos. Una vez que los precios suben, venden sus participaciones, provocando un desplome de los precios y dejando pérdidas a los últimos inversores.

Cómo mantenerse a salvo:

- Evita invertir basándote en las tendencias de las redes sociales.
- Investiga los fundamentos del mercado antes de comprar altcoins.
- Desconfía de los nuevos tokens con subidas de precio repentinas e inexplicables.

Aunque es importante conocer las estafas más comunes, protegerte también depende de las herramientas y plataformas que utilices. Puedes mantenerte a salvo implementando las mejores prácticas de seguridad en el exchange que discutimos en el capítulo 5. La otra mejor defensa contra las estafas es la educación y mantenerse informado sobre lo que está sucediendo en el mundo de las criptomonedas.

Eso significa aprender a rastrear tendencias, seguir fuentes de noticias creíbles y detectar señales de alarma antes de que se conviertan en costosos errores.

Tendencias y noticias sobre criptomonedas

La calidad de la información varía mucho en el ámbito de las criptomonedas. Algunas fuentes ofrecen datos precisos, mientras que otras difunden información errónea a cambio de clics o con intenciones manipuladoras. Entonces, ¿dónde se puede obtener información fiable? Hay muchos sitios, solo hay que saber dónde buscar. Aquí puedes encontrar información confiable.

Sitios de noticias sobre criptomonedas

CoinDesk, **Decrypt** y **CoinTelegraph** se han consolidado como las principales plataformas de noticias del sector. CoinDesk es reconocida por sus análisis de mercado y cobertura normativa, publicando a menudo noticias relevantes para la industria. CoinTelegraph ofrece artículos exhaustivos sobre la tecnología blockchain y tendencias emergentes. Decrypt es ideal tanto para inversores nuevos como experimentados, pues equilibra educación con noticias de última hora.

Estos sitios ofrecen información más detallada sobre la evolución de la blockchain y los movimientos del mercado que los medios de noticias generales, centrándose exclusivamente en las criptomonedas.

Medios financieros tradicionales

Los medios financieros tradicionales están dedicando cada vez más recursos a las criptomonedas:

- **Bloomberg**, en su sección de criptomonedas, analiza los activos digitales desde una perspectiva económica global, situando acontecimientos en un contexto de mercado más amplio.

- **CNBC Crypto** ofrece entrevistas con expertos del sector y análisis de las principales tendencias.
- **Forbes Crypto** se enfoca en la adopción institucional y los marcos normativos que configuran el sector.

Estos medios conectan las tendencias criptográficas con acontecimientos económicos más amplios, ayudando a los inversores a comprender las correlaciones con los mercados tradicionales.

Herramientas de seguimiento en tiempo real

Dado que los mercados de criptomonedas nunca cierran, las herramientas de seguimiento en tiempo real ayudan a los inversores a mantenerse informados las veinticuatro horas del día.

Varias aplicaciones móviles ofrecen a los inversores acceso instantáneo al mercado:

- **Blockfolio (FTX App)** realiza un seguimiento de la rentabilidad del portafolio y las tendencias generales del mercado.
- **CryptoCompare** ofrece alertas de precios personalizables y comparaciones detalladas de activos.
- **TradingView** proporciona herramientas avanzadas de gráficos y alertas basadas en indicadores técnicos para un análisis más sofisticado.

Para estar al tanto de acontecimientos específicos, Google Alerts te permite establecer notificaciones sobre temas como "regulación de Bitcoin" o nombres de proyectos. Feedly agrega noticias de múltiples fuentes en un único panel, creando un feed de noticias personalizado y filtrado según tus intereses.

Medios sociales y fuentes comunitarias

Las redes sociales y la comunidad criptográfica en general también son fuentes valiosas de información. Sin embargo, también es en estos espacios donde debes mantenerte alerta porque son terreno fértil para la desinformación por parte de inversores novatos que se hacen pasar por expertos, estafadores y otros actores que buscan manipular los mercados para su propio beneficio.

X (anteriormente Twitter) actúa como el pulso del mercado criptográfico. Aquí puedes encontrar actualizaciones en tiempo real de personas influyentes, analistas y desarrolladores. Las noticias de última hora sobre normativas, hackeos o asociaciones suelen aparecer primero en X, donde los debates pueden influir directamente en el sentimiento del mercado. La inmediatez de la plataforma es valiosa, pero requiere un cuidadoso filtrado. Ten cuidado con las exageraciones y las promociones pagadas que se disfrazan de consejos de expertos.

Las comunidades de Reddit, en particular los subreddits como r/cryptocurrency, facilitan debates en profundidad en los que los usuarios comparten análisis técnicos y experiencias personales de inversión. Estos foros permiten diversas perspectivas, creando un panorama más equilibrado que el que pueden ofrecer cuentas individuales. Si detectas un foro actuando como cámara de eco fomentando el escepticismo, considera esto una señal de alarma.

Consejo pro: Supervisa los niveles de compromiso y el tono emocional de las comunidades que sigues, ya que estas señales sociales pueden alertar sobre posibles puntos de inflexión en el mercado.

Telegram y Discord albergan comunidades privadas con debates exclusivos y acceso directo a los equipos de los proyectos. Muchos proyectos de criptomonedas mantienen canales oficiales donde los desarrolladores responden directamente a las preguntas. Algunos grupos centrados en el comercio ofrecen alertas sobre movimientos del mercado y seguimiento de la actividad de las ballenas. Ten en cuenta que también son terreno fértil para esquemas de pump-and-dump. Verifica siempre la información antes de actuar.

Personas clave a seguir

Seguir a las voces adecuadas puede proporcionarte una visión temprana de las tendencias antes de que lleguen a los medios de comunicación. Los fundadores de criptomonedas suelen compartir actualizaciones técnicas, mientras que los analistas revisan los movimientos de precios en tiempo real. Estos son algunos nombres notables en los que puedes confiar para obtener buena información:

- **Vitalik Buterin:** Habla regularmente de la hoja de ruta de Ethereum, soluciones de escalado y la filosofía de las criptomonedas en general.
- **Changpeng Zhao (ex CEO de Binance):** Comparte sus perspectivas sobre las tendencias bursátiles y lo que ocurre en el sector.
- **Brian Armstrong (CEO de Coinbase):** Ofrece opiniones sobre la adopción institucional, los retos normativos y las operaciones de exchange.

Además de los fundadores, analistas de mercado como **CryptoCred** proporcionan análisis técnicos y educación de mercado que ayudan a los operadores a desarrollar sus estrategias. **Willy Woo**, especializado en las tendencias de precios de Bitcoin, utiliza métricas de cadenas de bloques en lugar del análisis técnico tradicional. **Raoul Pal** sirve de puente entre las finanzas tradicionales y las criptomonedas, cubriendo tendencias macrofinancieras que afectan a los activos digitales, aprovechando su experiencia en macroinversión global.

Prompts de ChatGPT para mantenerte al día

Si estás familiarizado con ChatGPT u otros chatbots como Claude, estas herramientas pueden ayudarte a recopilar noticias del mercado en cuestión de segundos en lugar de horas. Puedes solicitar la ayuda de un chatbot para tareas como:

Resumen de noticias

Manténgase informado sobre los últimos movimientos de precios, noticias y tendencias.

- **Prompt:** "*Hazme un resumen de las principales noticias criptográficas de hoy*".
- **Prompt:** "*Resume las tendencias clave del mercado de criptomonedas en el último mes*".

Seguimiento de los movimientos de los índices de miedo y codicia

Comprenda los cambios en el sentimiento del mercado y cómo afectan la acción del precio.

- **Prompt:** "*¿Cómo ha cambiado el Índice de Miedo y Codicia en los últimos 6 meses? ¿Qué tendencias se pueden observar?*".

Seguimiento de la normativa y noticias del sector

Manténgase a la vanguardia de las políticas gubernamentales, las reglas cambiarias y los principales cambios legales.

- **Prompt:** "*Resume las recientes regulaciones sobre criptomonedas en EE. UU. y cómo afectan a los inversores*".
- **Prompt:** "*¿Cómo están reaccionando los gobiernos ante los ETF de Bitcoin y la adopción institucional?*".

Análisis de la opinión del mercado

Evalúe las emociones de los inversores a través de las redes sociales y fuentes de noticias.

- **Prompt:** "*¿Cuál es el sentimiento general en torno a Ethereum en las redes sociales esta semana?*".
- **Prompt:** "*Resume las discusiones sobre Bitcoin en Reddit y Twitter en los últimos 7 días*".
- **Prompt:** "*Analiza el último sentimiento sobre Solana y si es alcista o bajista*".

Consejo pro: Cuando uses ChatGPT, pídele también las fuentes para poder leer los artículos por tu cuenta. A veces se equivoca o mezcla datos, así que tener acceso directo a la fuente original puede marcar la diferencia.

Seguir las noticias y la evolución del mercado ayuda a detectar tendencias antes de que se desarrollen por completo. Las fuentes de noticias confiables y los análisis de mercado son clave para esta habilidad, ya que las criptomonedas prosperan gracias a la participación de la comunidad en línea de formas que los mercados tradicionales no logran. Estas comunidades proporcionan acceso inmediato a noticias, análisis y cambios en el sentimiento del mercado que a menudo preceden a los movimientos de los precios.

Cómo influyen las noticias sobre criptomonedas en los precios

La adopción institucional impulsa importantes movimientos de precios en las criptomonedas. Cuando grandes empresas como Tesla compraron Bitcoin en 2021, el precio se disparó drásticamente a medida que los inversores ganaban confianza. Bitcoin también subió cuando El Salvador lo convirtió en moneda de curso legal. Del mismo modo, los mercados tienden al alza cuando los gobiernos crean regulaciones cripto-amigables, ya que proporcionan claridad y seguridad, legitimando los activos en el proceso. Las mejoras tecnológicas también aumentan el interés de los inversores; el cambio de Ethereum a Proof-of-Stake generó entusiasmo sobre el futuro y la sostenibilidad de la red.

Por el contrario, las medidas reguladoras pueden desencadenar pánico en los mercados. La prohibición de la minería de Bitcoin en China en 2021 conmocionó a todo el ecosistema, obligando a los mineros a reubicarse y creando incertidumbre temporal en el mercado. Las brechas de seguridad en los exchanges o las vulnerabilidades de los protocolos erosionan significativamente la confianza de los inversores en las instituciones, provocando a menudo ventas inmediatas. Factores económicos más amplios, como la inflación, los cambios en los tipos de interés o la inestabilidad financiera, suelen aumentar la volatilidad de los precios de las criptomonedas, ya que los inversores reevalúan su tolerancia al riesgo.

Ejemplo: El colapso de FTX en noviembre de 2022 desencadenó una caída más amplia del mercado, contribuyendo a una disminución estimada de entre 150.000 y 200.000 millones de dólares en la capitalización general del mercado de criptomonedas en cuestión de días.

Consejo pro: Observa cómo responden los mercados a los distintos tipos de noticias para entender mejor las pautas de los precios. Este conocimiento te ayudará a anticiparte a las reacciones del mercado en lugar de limitarte a responder a ellas.

Seguir las noticias sobre criptomonedas y comprender su impacto en el mercado es esencial. Pero saber cómo reaccionar ante esa información es igualmente crucial. En un mercado tan cambiante y emocionalmente intenso como el de las criptomonedas, incluso los inversores bien informados pueden cometer errores costosos si se dejan llevar por el miedo o la excitación.

Errores relacionados con el mercado

La psicología juega un papel crucial en la toma de decisiones de inversión. Los inversores tienden a repetir los mismos errores psicológicos a lo largo de varios ciclos de volatilidad. Aprender a reconocer estos patrones emocionales para poder gestionar tus emociones, mantener la disciplina y ceñirte a una estrategia es esencial para tu éxito a largo plazo en el mercado de las criptomonedas.

Miedo y pánico durante las caídas del mercado

Cuando Bitcoin o las altcoins caen un 20–30 % en un día, la gente se asusta. Los inversores entran en pánico y venden con pérdidas porque solo piensan en no perder el resto de su dinero. No están considerando la Ley de Newton y el hecho de que todo lo que sube debe bajar (en la mayoría de los casos) y viceversa. Las caídas del mercado suelen ser temporales. Los que venden emocionalmente pierden ganancias a largo plazo.

Lección: Vender basándose en el miedo bloquea las pérdidas. La paciencia y la perspectiva son la clave.

FOMO y compra en los picos del mercado

La gente se emociona cuando los precios se disparan. A veces demasiado. Los inversores se apresuran a comprar, temerosos de perder beneficios potenciales. Lo que ocurre a menudo es que la gente observa cómo suben los precios y olvida que, en algún momento, esos precios tocarán techo (lo que se denomina resistencia). A menudo, esto lleva a comprar a precios inflados antes de una corrección.

Lección: No persigas tendencias.

Exceso de operaciones debido al ruido del mercado

Comprar y vender constantemente en función de los movimientos a corto plazo conlleva elevadas comisiones y pérdidas.

Lección: Infórmate sobre los ciclos del mercado para mantener la cabeza fría durante las caídas.

Seguir rumores sin investigar

Muchos inversores compran altcoins basándose en las tendencias de X/Reddit sin la debida diligencia. Esto resulta en pérdidas cuando las tendencias se desvanecen y el proyecto carece de utilidad real.

Lección: Siempre DYOR. Siempre.

OTRAS COSAS QUE HACER

Aquí hay algunas técnicas para gestionar las emociones y mantener la disciplina en la inversión:

- **Establece puntos de entrada y salida predefinidos:** Decide de antemano a qué precio comprarás o venderás para eliminar la toma de decisiones emocionales de la ecuación.
- **Cambia a una mentalidad de inversión a largo plazo:** Desarrolla hábitos que mantengan las emociones bajo control. Podría recomendarte que medites y respires hondo, pero eso no me ha funcionado en el pasado. Lo que más me ha ayudado es centrarme

en las tendencias a largo plazo. Revisa los datos históricos para comprender que las fluctuaciones son normales. Los proyectos fuertes tienden a recuperarse y crecer con el tiempo. No te obsesiones con los movimientos diarios de los precios, y ni siquiera mires tus inversiones durante los períodos de volatilidad si las mantienes a largo plazo.

- **No te pongas en situaciones estresantes:** Si no puedes soportar caídas profundas en el mercado, las operaciones a corto plazo pueden no ser la estrategia de inversión para ti.
- **No inviertas dinero que no puedas permitirte perder:** Punto.

Si sientes pánico por tus inversiones, es una buena señal de que necesitas reevaluarlas. ¿Has invertido dinero que necesitas para otras cosas? ¿Estás utilizando una estrategia de inversión inadecuada para tu tolerancia al riesgo? ¿No tienes experiencia y te lanzaste a la piscina demasiado rápido?

Responderte a estas preguntas puede ayudarte a corregir el rumbo.

Identificar las pautas del mercado

A lo largo de la historia, hemos observado que los ciclos de los mercados financieros pueden asemejarse mucho a las mareas naturales que suben y bajan. Cada fase se desarrolla con un ritmo propio que se repite a lo largo del tiempo. A pesar de que la historia de las criptomonedas es relativamente breve, este concepto sigue siendo válido. Normalmente, estos ciclos de mercado siguen un patrón predecible, compuesto por cuatro fases clave:

- **Acumulación:** Los inversores inteligentes aprovechan la oportunidad para comprar discretamente cuando los precios son bajos.
- **Expansión:** El optimismo aumenta, atrayendo a más compradores y empujando los precios hacia arriba.
- **Distribución:** El entusiasmo alcanza su máximo, los primeros inversores comienzan a retirarse y los mercados experimentan una sobrevaloración.
- **Caída:** La realidad se impone, se desata el pánico y los precios bajan. Así, el ciclo vuelve a empezar.

Reconocer estas fases es una herramienta práctica para enfocar la inversión de forma estratégica. Saber en qué fase del ciclo se encuentra el mercado facilita actuar de acuerdo con los principios habituales de inversión: comprar barato, vender caro.

El análisis de ciclos anteriores puede ayudar a identificar si un mercado está sobrecalentado o infravalorado. Aunque no existen dos ciclos idénticos, suelen seguir patrones psicológicos similares. Estudiar los picos y correcciones previas puede ser útil para determinar los puntos ideales de entrada y salida.

Utilizar el Índice de Miedo y Avaricia como herramienta

El sentimiento de los inversores juega un papel crucial en las fluctuaciones del mercado. El Índice de Miedo y Avaricia es una forma sencilla de evaluar la psicología actual del mercado:

- **Avaricia extrema:** Indica una posible sobrevaloración. Considera actuar con precaución.
- **Miedo extremo:** Señala una infravaloración del mercado y suele ser una oportunidad de compra.

Históricamente, comprar durante el miedo y vender durante la codicia ha sido una estrategia ganadora. Un estudio demostró que utilizar el índice de miedo y codicia de Bitcoin como señal de trading superaba significativamente a una estrategia de comprar y mantener. Invirtiendo cuando el índice mostraba miedo extremo y vendiendo cuando la codicia era extrema, la estrategia logró una ganancia del 1.145 %, en comparación con el 235 % de la estrategia de comprar y mantener durante el mismo periodo.

La conclusión más relevante de este capítulo es sencilla: la investigación exhaustiva y la experiencia te protegen de malas inversiones. Dedicar tiempo a verificar datos, corroborar afirmaciones y consultar múltiples perspectivas crea un escudo contra las trampas comunes de los mercados de criptomonedas.

Evitar las estafas protege tu dinero, pero para hacer crecer tu riqueza, es necesario identificar en qué proyectos realmente merece la pena invertir. A continuación, exploraremos cómo detectar oportunidades en criptomonedas con fundamentos sólidos para que puedas realizar inversiones más inteligentes y seguras.

En el próximo capítulo, detallaremos estas habilidades de análisis fundamental que constituyen la columna vertebral de la inversión inteligente en criptomonedas. Aprenderás técnicas prácticas para evaluar el valor real de un proyecto más allá del ruido del mercado.

8 ANÁLISIS FUNDAMENTAL: CÓMO DETECTAR CRIPTOMONEDAS EMERGENTES CON UN ENORME POTENCIAL DE CRECIMIENTO

Si has llegado tarde al juego del Bitcoin, la realidad es que no estás obteniendo las mismas ganancias que los pioneros que compraron a 0,10 dólares, 1 dólar o incluso 1.000 dólares por BTC. Pero, ¿significa esto que has perdido el tren? Difícilmente.

Mientras que Bitcoin creó la escasez digital y Ethereum introdujo el dinero programable, como discutimos en nuestra conversación sobre las altcoins, los proyectos más recientes abordan problemas específicos con soluciones concretas. Algunos se enfocan en la privacidad, otros en la escalabilidad, la interoperabilidad entre cadenas o la tokenización de activos en el mundo real.

Solana pasó de aproximadamente 2 dólares a principios de 2021 a un máximo histórico de casi 260 dólares ese mismo año. Avalanche pasó de menos de 4 dólares a principios de 2021 a alrededor de 135 dólares. Polygon pasó de unos 0,01 dólares en 2020 a más de 2,90 dólares en su punto álgido. Los primeros inversores fueron recompensados con enormes beneficios porque supieron reconocer el valor fundamental antes de que el mercado se pusiera al día.

Sin embargo, por cada historia de éxito, hay cincuenta proyectos que quedan en el olvido. Tu tarea no es invertir en todo, sino desarrollar un filtro que capture los diamantes y elimine la interminable corriente de proyectos sin valor. Se trata de desarrollar las habilidades para identificar proyectos sólidos con capacidad de perdurar antes de que sean evidentes para las masas. Al final de este capítulo, sabrás exactamente cómo distinguir la próxima gran cosa de lo que parece prometedor pero no lo es.

Analicemos qué hace que las monedas sean valiosas. ¿Listo para dejar de apostar y comenzar a invertir? Empecemos.

Fundamentos del análisis fundamental

Cuando compras criptomonedas, no sólo estás adquiriendo líneas en un gráfico. Estás invirtiendo en una visión, una tecnología y una solución. Aunque esas velas verdes y rojas pueden hipnotizar a los operadores diarios, el dinero inteligente mira más allá.

Piensa en el análisis fundamental (AF) como un trabajo detectivesco. Estás reuniendo pistas sobre lo que realmente cuesta un criptoproyecto, más allá de su precio actual. A diferencia de las acciones, donde puedes obsesionarte con los ratios PER y los beneficios trimestrales, las criptomonedas requieren un enfoque diferente.

Debes examinar el código, no la empresa. La comunidad, no el CEO. El problema que resuelve, no el beneficio que reporta.

¿Por qué tanta investigación? Porque los precios mienten. Pueden fluctuar en función de los tuits, Trump, el FOMO y la manipulación del mercado. Pero los fundamentales revelan la verdad sobre el valor real de un proyecto. Al detectar esa desconexión entre precio y valor, es cuando se gana dinero.

Veamos qué aspectos debes evaluar un proyecto criptográfico.

Componentes clave del análisis fundamental en criptomonedas

Piensa en el análisis fundamental como en un taburete de tres patas. Si alguna pata es débil, todo el conjunto puede derrumbarse. He aquí los tres pilares que sostienen cualquier criptoproyecto sólido:

1. **Tecnología e infraestructura:** ¿Es segura la blockchain? ¿Puede soportar el crecimiento? ¿Aporta algo nuevo?

2. **Utilidad y adopción:** ¿Resuelve problemas reales a personas reales? ¿La gente lo utiliza realmente?
3. **Métricas financieras y posición en el mercado:** ¿Tienen sentido las cifras? ¿Cómo se compara con la competencia?

Vamos a desglosar cada una de estas piezas para que puedas detectar a los ganadores antes de que el público se dé cuenta.

1. Tecnología e infraestructura: La base de una criptomoneda

La pila tecnológica es el punto de inflexión. Un buen marketing no puede salvar un mal código. Al examinar la tecnología de un proyecto, pregúntate:

- **¿Es legítima la seguridad?** ¿Cómo ha resistido los ataques? ¿Ha sido auditada por empresas acreditadas?
- **¿Es escalable?** Muchos proyectos funcionan bien con unos pocos miles de usuarios, pero se desmoronan ante una adopción real. Comprueba la velocidad de las transacciones, los costos y cómo gestiona la congestión de la red.
- **¿Cuál es la salsa secreta?** Si un proyecto se limita a copiar Bitcoin o Ethereum con algunos retoques, es una señal de alarma. Busca una innovación genuina que resuelva problemas existentes.
- **¿Qué tan activo está el desarrollo?** Verifica los commits y actualizaciones de GitHub. Un proyecto que acumula polvo no merece tu dinero.

2. Utilidad y adopción: Casos de uso en el mundo real y demanda

Una hermosa blockchain que nadie utiliza es como un Ferrari acumulando polvo en un garaje: impresionante pero inútil. Los mejores proyectos de criptomonedas resuelven problemas reales que preocupan a la gente.

Hazte estas preguntas:

- **¿Qué picazón provoca?** Si no puedes explicar el problema que resuelve en una frase, es posible que no exista.
- **¿Quién lo usa ahora?** No promesas de futuros usuarios. Los

usuarios actuales. Verifica el recuento de transacciones, las direcciones activas diarias y las descargas de aplicaciones.
- **¿Lo aprovechan las empresas reales?** Las asociaciones con empresas consolidadas no son solo una fachada. Son una señal de que los profesionales apuestan por esta tecnología.
- **¿Qué tan pegajoso es?** Si los usuarios pueden saltar fácilmente a un competidor, probablemente lo harán. Busca proyectos que creen fidelidad a través de ventajas únicas.

3. Métricas financieras y posición en el mercado: Evaluación del potencial de crecimiento

Los números no mienten. Aunque en las criptomonedas no todo son cifras, estas importan. Esto es lo que debes comprobar:

---

capitalización de mercado = Precio de la moneda × Oferta circulante

---

Ese token de 0,00001 dólares no es necesariamente más barato que Bitcoin. La capitalización de mercado cuenta la verdadera historia. Una moneda con una capitalización de mercado de 50 millones de dólares tiene mucho más potencial de crecimiento (y riesgo) que una de 50,000 millones.

Mecánica de suministro de tokens:

- **Oferta fija (como los 21 millones de Bitcoin):** Crea escasez, lo que puede hacer subir el precio con el tiempo.
- **Modelo inflacionista:** La creación constante de nuevos tokens puede diluir tu inversión a menos que la demanda mantenga el ritmo.

Pregúntate: "¿Inundan el mercado nuevos tokens más rápido de lo que la demanda puede absorberlos?"

Liquidez y volumen de negociación:

Un volumen de negociación diario bajo es una señal de alarma. Significa que es posible que no puedas vender cuando lo necesites (al menos no sin hundir el precio).

Por ejemplo, si detectas una moneda con una tecnología decente, pero te das cuenta de que su volumen de negociación diario es de apenas 50,000 dólares, es demasiado escaso. Cuando cambie el sentimiento del mercado, es probable que los titulares no puedan salir sin un deslizamiento del 40 %. No es una posición en la que quieras estar.

Utilizar el análisis fundamental para identificar inversiones sólidas

Pongámonos prácticos. Esta es tu guía paso a paso para investigar un criptoproyecto, tanto si se trata de iniciativas establecidas como emergentes:

Paso 1. Leer el Libro Blanco

El libro blanco es el esquema esencial del proyecto. Debe explicar con claridad:

- El problema específico que se busca resolver (evitando frases vagas como "revolucionar las finanzas").
- El funcionamiento técnico y práctico de la solución.
- Una hoja de ruta realista con hitos claros.
- La utilidad del token y su función en el ecosistema.

Señales de alarma: jerga excesiva, promesas poco realistas, ausencia de detalles técnicos o un *tokenomics* que parece agregado solo para crear expectativa.

Paso 2. Investigar el equipo y la actividad de desarrollo

Un criptoproyecto es tan sólido como las personas que lo desarrollan.

- Busca a los miembros del equipo en LinkedIn y Google. ¿Han liderado proyectos creíbles anteriormente?
- Verifica la actividad en GitHub (donde se confirma el código). ¿Contribuyen regularmente con código o solo dicen hacerlo?

- Observa cómo se comunican los fundadores. ¿Son transparentes sobre los desafíos o solo se centran en realzar el precio del token?

Consejo adicional: ¿No hay un equipo identificado? Es una señal de alarma, a menos que se trate de un protocolo descentralizado o impulsado por la comunidad con una larga trayectoria.

Paso 3. Evaluar la adecuación del producto al mercado y la competitividad

Las criptomonedas no operan en un vacío. Pregúntate:

- ¿Qué diferencia a este proyecto de sus competidores?
- ¿Ofrece algo novedoso o resuelve mejor un problema conocido?
- ¿Es pionero o sigue a otros que ya están ganando terreno?
- ¿Existen problemas normativos específicos de este nicho o jurisdicción?

Recuerda: no siempre gana la mejor tecnología, sino la mejor combinación de producto, comunidad, oportunidad y adaptabilidad.

Paso 4. Evaluar la comunidad y las asociaciones

Las comunidades fuertes son el pilar de un proyecto durante los mercados bajistas. Busca:

- Debate activo sobre utilidad, tecnología y gobernanza (no solo sobre precios).
- Participación orgánica, no cifras infladas por bots o regalos.
- Asociaciones reales: verifica los reclamos comprobando si el "socio" los reconoce.

Las comunidades centradas en objetivos a largo plazo tienden a perdurar, mientras que las construidas a bombo y platillo suelen desvanecerse.

Paso 5. Analizar la tokenómica y el potencial de mercado

El diseño de los tokens puede ser crucial para el éxito de un proyecto. Preguntas clave:

- ¿Cómo se distribuye el token? Las grandes asignaciones a personas con información privilegiada o a sociedades de capital riesgo con bloqueos cortos pueden ser riesgosas.
- ¿Cuándo se desbloquean los tokens? Los desbloqueos repentinos pueden inundar el mercado y hacer caer los precios.
- ¿Cuál es la capitalización actual del mercado y cuál es el tamaño del mercado objetivo? Un proyecto de 50 millones de dólares dirigido a un sector de 10.000 millones puede tener margen de crecimiento. Una moneda meme de 5.000 millones de dólares sin caso de uso... quizá no.

Consejo pro: Trata la evaluación de un criptoproyecto como la diligencia debida en una startup. Si no lo respaldarías como negocio con dinero real, no compres el token solo porque está de moda.

Aunque el análisis fundamental ofrece una visión general del valor de un proyecto, el análisis en la cadena permite verificar ese valor en tiempo real mediante el seguimiento de lo que ocurre en la blockchain. Es como pasar de leer el plan de negocio a ver la caja registradora.

Análisis en cadena: Conocimiento de los datos de la blockchain

El análisis en cadena examina los datos reales de las transacciones registrados en la blockchain. Esto te ofrece, como inversor en criptomonedas, ventajas únicas que no se encuentran en los mercados tradicionales.

Métricas clave de la cadena que merece la pena seguir

Los datos de blockchain más útiles se dividen en tres categorías:

Actividad de transacción

- **Volumen de transacciones:** Muestra el valor total transferido diariamente en una red. Un mayor volumen de transacciones suele indicar un uso activo y una actividad económica real.

- **Direcciones activas:** Cuenta las direcciones de wallet únicas que interactúan con la red. El aumento de las direcciones activas suele indicar una mayor adopción y participación de los usuarios.

El análisis conjunto de ambos indicadores te ofrece mejores perspectivas que el precio por sí solo. Por ejemplo, el aumento del volumen de transacciones junto con la estabilidad de los precios podría señalar un impulso antes de una subida de precios.

Datos de seguridad de la red

- **Tasa de hash (para Bitcoin y otras cadenas de Proof of Work):** La tasa de hash mide la potencia de cálculo total que asegura la red. Un mayor índice de hash indica una mayor seguridad y confianza de los mineros.
- **Porcentaje de staking (para redes de prueba de participación):** Para redes como Cardano o Ethereum 2.0, esto muestra qué porcentaje de tokens están bloqueados para la validación de la red, es decir, la proporción de monedas bloqueadas como parte del proceso de validación. Los porcentajes de staking más altos suelen indicar la confianza de los inversores.

Señales del comportamiento de los inversores

- **Entradas y salidas de divisas:** El seguimiento de la cantidad de criptomoneda que entra y sale de los exchanges te da pistas sobre la posible presión de compra o venta. Las grandes entradas en los exchanges suelen preceder a las ventas. Las salidas significativas de los exchanges suelen indicar intenciones de mantener a largo plazo.
- **Transacciones de whales:** Estas rastrean los movimientos de las direcciones que poseen grandes cantidades de criptomonedas. Los aumentos repentinos en la actividad de las ballenas pueden preceder a movimientos importantes del mercado.

Aplicaciones prácticas de los datos en cadena

Identificar las condiciones alcistas

A menudo aparecen varias señales en la cadena antes de que suban los precios:

- Monedas que se trasladan de los exchanges a las wallets privados.
- Aumento de las direcciones activas a pesar de los precios planos.
- El aumento del valor de las transacciones muestra un uso creciente.
- Las direcciones inactivas durante mucho tiempo vuelven a activarse (a menudo para acumular más).

Detección de posibles tendencias bajistas

Entre las señales de alerta que merece la pena vigilar se incluyen:

- Grandes cantidades de criptomoneda se mueven a los exchanges.
- Disminución del uso de la red a pesar del aumento de los precios.
- Mineros o validadores que venden sus recompensas a precios cada vez más altos.
- Disminución de la creación de nuevas direcciones.

Herramientas de acceso a los datos de la cadena

Varias plataformas te permiten acceder a estos datos sin conocimientos técnicos:

- **Glassnode:** Proporciona métricas completas con datos básicos gratuitos.
- **Santiment:** Ofrece una visión única que combina datos de la cadena y de las redes sociales.
- **CryptoQuant:** Especializado en flujos de exchanges y comportamiento de mineros.
- **IntoTheBlock:** Utiliza el aprendizaje automático para generar señales a partir de los datos de la cadena.

Incluso las comprobaciones semanales básicas de estas métricas pueden darte información útil para tus decisiones de inversión.

Con esto concluye nuestra exploración de los métodos analíticos para invertir en criptomonedas. Combinando el análisis fundamental, la lectura de gráficos técnicos y el seguimiento de datos en la cadena, puedes desarrollar un enfoque integral para evaluar los criptoactivos más allá de seguir el bombo del mercado.

Entender qué hace valioso un proyecto es solo una parte de ser un inversor inteligente. La otra parte es saber qué espera el gobierno cuando obtienes esas ganancias. Antes de que celebres tu próximo 5X, hablemos de los criptoimpuestos: qué cuenta como ingresos, qué desencadena un hecho imponible y cómo cumplir la normativa sin perder la cabeza.

9 CONCEPTOS BÁSICOS DE LA CRIPTOIMPOSICIÓN

La fiscalidad de las criptomonedas se ha convertido en una prioridad para las autoridades fiscales en los últimos años. Lo que comenzó como una simple casilla de verificación en los formularios ha evolucionado hacia estrictos requisitos de información, acuerdos de intercambio de datos con los exchanges y un aumento de las auditorías.

A partir de 2026 (para el ejercicio fiscal de 2025), tus operaciones con criptomonedas se declararán ante Hacienda, tanto si lo hiciste por tu cuenta como si no. Muchos inversionistas se enfrentan a sanciones no porque intenten evadir impuestos, sino porque las normas son complejas y cambian constantemente.

Cada transacción con criptomonedas —compra, venta, intercambio o ganancia— tiene implicaciones fiscales. Pero si entiendes las reglas, también hay oportunidades para reducir tu carga tributaria.

Las normativas varían según el país, y es clave llevar registros precisos para evitar dolores de cabeza. En este capítulo, desglosamos las principales consideraciones fiscales para que puedas gestionar con confianza tus inversiones sin llevarte sorpresas.

¿Qué actividades con criptomonedas están sujetas a impuestos?

No todo lo que haces con criptomonedas genera impuestos. Saber qué se declara y qué no te ayuda a planificar mejor.

Acciones que generan obligaciones fiscales

Cuando vendes Bitcoin por pesos, dólares o euros, eso cuenta como un hecho imponible. Lo mismo si cambias ETH por SOL, si compras un celular con cripto o si recibes recompensas por staking o minería.

Cada una de estas acciones genera una ganancia de capital (si vendes por más de lo que pagaste) o ingreso ordinario (cuando obtienes nuevas monedas).

Incluso los "airdrops" o regalos tienen un precio. Su valor de mercado se considera ingreso el día que llega a tu wallet. Lo mismo aplica si recibes pagos en criptomonedas por servicios prestados: se consideran ingreso al valor justo de mercado en el momento en que los recibes.

Lo que puedes hacer sin pagar impuestos

Comprar criptomonedas con dinero fiduciario no genera impuestos. Tampoco transferir tus cripto entre wallets propias. Mantener tus monedas durante las subidas y bajadas del mercado sigue siendo libre de impuestos, a menos que las vendas, intercambies o gastes.

Aunque las transferencias entre wallets pueden parecer sospechosas para las autoridades fiscales, si llevas buenos registros, no deberían estar sujetas a impuestos.

Esta distinción es importante porque te permite enfocarte en registrar sólo los hechos imponibles. ¿El reto? Identificar cuáles son.

Como es fácil acumular transacciones en el mundo cripto, rastrear lo que sí y lo que no genera impuestos puede volverse complicado. Ahí entra la automatización: en vez de clasificar manualmente cada operación, un software fiscal especializado puede hacer ese trabajo por ti.

Automatización de la declaración de impuestos sobre criptomonedas

Llevar control manual de tus operaciones se vuelve una pesadilla si haces más que unas pocas. Piénsalo: cada intercambio entre monedas, cada compra, cada recompensa por staking. Todo eso requiere documentación. Incluso quienes hacen trading ocasional pueden tener cientos de eventos fiscales al año.

El software fiscal te ahorra dolores de cabeza. Herramientas como **Koinly**, **CoinTracker**, **ZenLedger** y **CryptoTrader**.Tax se conectan a exchanges como Binance y Coinbase, extraen automáticamente tu historial de operaciones, calculan tus ganancias y pérdidas y te entregan formularios listos para declarar.

Algunos incluso manejan operaciones DeFi complejas o NFT que otros sistemas fiscales ni siquiera detectan.

El tiempo que ahorras compensa el costo. Y lo más importante: estas herramientas identifican movimientos que podrías olvidar, evitando que termines pagando multas por una auditoría años después.

Cómo gravan las criptomonedas los distintos países

No hay dos países que traten las criptomonedas de la misma forma. Algunos las consideran propiedad, otros activos financieros, y la clasificación define lo que se paga.

Estados Unidos

La IRS trata las criptomonedas como propiedad, como bienes raíces o acciones. Cada vez que vendes, intercambias o pagas con cripto, se genera un hecho imponible. ¿Pagaste un café de $7 con Bitcoin que valía menos cuando lo compraste? Impuesto sobre ganancia de capital.

Las recompensas de minería, staking y los airdrops se consideran ingresos ordinarios en el momento en que los recibes, aunque no los vendas. Ese valor de entrada se convierte en tu base de coste para cálculos futuros.

En cuanto a los regalos, puedes dar hasta 19.000 USD por persona al año en criptomonedas (límite para 2025) sin que se genere una obligación fiscal. Si excedes ese monto, tienes que presentar formularios adicionales.

Reino Unido

La HMRC tiene una visión similar. Se aplican impuestos sobre ganancias de capital al vender o hacer trading, e impuesto sobre la renta para recompensas de minería y staking. También exige registros detallados: fechas, cantidades y partes involucradas en cada operación.

Canadá y Australia

En Canadá, sólo el 50 % de las ganancias de capital están sujetas a impuestos, pero la CRA vigila si actúas como empresa en lugar de inversor.

En Australia, compras personales menores a 10.000 AUD pueden estar exentas. Pero la ATO grava desde el inicio las ganancias por staking y minería.

España

La Agencia Tributaria española considera las criptomonedas como activos de capital. Cada vez que vendes, intercambias o utilizas criptomonedas para pagar algo, generas una ganancia o pérdida patrimonial que debes declarar.

Las ganancias se incluyen en la base imponible del ahorro, con tipos impositivos que oscilan entre el 19 % y el 28 %. Si realizas staking, minería o recibes airdrops, tributan sobre la base imponible general como ganancias patrimoniales o actividades económicas.

También debes declarar tus criptomonedas en divisas si superan los 50 000 € mediante el Modelo 721.

Es fundamental llevar registros detallados: fechas, valores en euros y plataformas utilizadas.

México

El SAT aún no cuenta con una normativa específica. Sin embargo, sí exige declarar los ingresos derivados del uso o la venta de criptomonedas.

Si compras a bajo precio y vendes a alto precio, debes incluir la ganancia como ingreso en tu declaración anual de la renta. También debes declarar las recompensas de staking, minería o airdrops como ingresos devengados. Si pagas productos o servicios con criptomonedas, se considera una venta y puede generar impuestos.

Aunque no tengas que proporcionar informes detallados como en otros países, es importante llevar un registro claro de tus transacciones y, si manejas grandes cantidades, consultar con un contable.

Plusvalías: El núcleo de los criptoimpuestos

Cuando vendes o intercambias criptomonedas con ganancias, pagas impuesto sobre las plusvalías. Lo que debes dependerá de cuánto tiempo mantuviste esas monedas antes de venderlas.

Tenencia a corto plazo frente a tenencia a largo plazo

La diferencia fiscal entre vender después de 11 meses o 13 meses puede ser drástica. En EE. UU., las monedas mantenidas menos de un año tributan como ingresos ordinarios. Si te encuentras en el tramo impositivo del 37 %, pagarás un 37 % sobre las ganancias a corto plazo. Si las mantienes más de un año, los tipos bajan al 0 %, 15 % o 20 %, dependiendo de tu nivel de ingresos.

Esto crea una estrategia clara: cuando sea posible, espera a que se cumpla un año antes de vender posiciones rentables. En ocasiones, el ahorro fiscal puede compensar las posibles pérdidas de mercado derivadas de la espera.

Calcular tus ganancias o pérdidas

Los cálculos comienzan con tu "base de coste", o lo que pagaste originalmente, incluidas las comisiones. Réstalo del precio de venta para calcular la ganancia imponible o la pérdida deducible.

¿Pero qué monedas vendiste? Si compraste Bitcoin a 10,000, 30,000 y 40,000 dólares, y luego vendiste algunos a 50,000 dólares, tu factura fiscal cambia drásticamente en función de la compra que contabilices como venta:

- **FIFO (primero en entrar, primero en salir):** El valor por defecto del IRS. Las monedas más antiguas (10,000 $) se venden primero, generando una ganancia de 40,000 $.

- **LIFO (último en entrar, primero en salir):** Tus monedas más nuevas (40,000 $) se venden primero, generando una ganancia de 10,000 $.
- **HIFO (Highest-In, First-Out):** Tus monedas más caras (40,000 $) se venden primero, minimizando tu ganancia imponible.

El método que elijas puede suponer miles de diferencias fiscales. La mayoría de los países exigen coherencia, así que elige con cuidado y cíñete a él.

¿Qué ocurre si no declaras los impuestos sobre las criptomonedas?

Las autoridades fiscales de todo el mundo han centrado su atención en las criptomonedas. Los días de operar bajo el radar han terminado. El IRS ha exigido datos de transacciones de las principales bolsas como Coinbase y Kraken, cotejando esta información con las declaraciones de impuestos para detectar discrepancias. Las avanzadas herramientas de seguimiento permiten a las agencias tributarias rastrear las transacciones entre wallets y exchanges.

Algunos inversores creen erróneamente que sus wallets de autocustodia son invisibles para las autoridades fiscales. En realidad, las rampas de entrada y salida que conectan las criptomonedas con la banca tradicional crean patrones rastreables. Cuando se vuelven a convertir a dólares o se hacen grandes compras, esas desconexiones se hacen visibles.

El coste de que te pillen

Las sanciones son duras. Si no declaras todos los ingresos procedentes de las criptomonedas, puedes enfrentarte a una multa del 20 %, o de hasta el 75 % en caso de fraude fiscal comprobado. La infradeclaración accidental puede costarte entre el 20 % y el 40 % de la cantidad no declarada.

Un inversor se enfrentó a una condena de tres años de prisión tras ocultar más de 20 millones de dólares en ganancias de criptomonedas. Incluso los casos más pequeños pueden dar lugar a salarios embargados, embargos de bienes y cuentas congeladas.

¿La solución más sencilla? Dilo todo, aunque no puedas pagar inmediatamente. El IRS ofrece planes de pago y programas de divulgación voluntaria, pero no informar en absoluto puede dar lugar a sanciones, auditorías e incluso cargos criminales.

Las sanciones por incumplimiento son un argumento de peso a favor de una declaración adecuada. Pero, ¿cómo preparas exactamente todo lo que Hacienda quiere ver? Organizarse antes de la temporada de impuestos es la clave tanto para el cumplimiento como para la tranquilidad.

Cómo preparar tus documentos criptofiscales

Unos registros adecuados marcan la diferencia entre una declaración de impuestos sin problemas y una estresante confusión. Las autoridades fiscales quieren ver tu historial completo de transacciones, no solo resúmenes.

Qué necesitas reunir

Empieza por descargar los historiales de transacciones de todas las casas de cambio que hayas utilizado. Coinbase, Binance y otros ofrecen informes fiscales, pero revísalos con cuidado. A menudo omiten transferencias entre tus propios wallets o tienen otras lagunas.

Mantén registros de cualquier cripto que hayas recibido como pago por trabajo, recompensas de minería o airdrops. En el caso de las NFT, documenta las fechas de adquisición y venta, junto con todas las comisiones asociadas.

¿Lo más complicado? Determinar la base de coste de cada transacción. Sin este punto de partida, no puedes calcular con precisión las ganancias o pérdidas.

Algunos exchanges emiten formularios 1099 (como 1099-MISC o 1099-B), pero las prácticas de presentación de informes varían ampliamente y pueden no reflejar toda la información de ganancias/pérdidas. No asumas que estos formularios contienen todo lo que el IRS necesita.

La trampa del tiempo

El mayor error que cometen los nuevos inversores en criptomonedas es esperar hasta la temporada de impuestos para organizar sus registros.

Empieza a llevar un registro desde el primer día. Configura una simple hoja de cálculo o utiliza software dedicado para registrar cada transacción a medida que se produce. Diez minutos semanales ahorran horas de frustración (y posiblemente miles en deducciones pasadas por alto) más adelante.

Si ya te has retrasado, resérvate un fin de semana entero para ponerte al día antes de acudir a tu preparador fiscal. Cobrarán primas considerables por revisar registros desorganizados. Si es que aceptan tu caso.

La ayuda profesional se amortiza

Si todo esto te parece abrumador, lo mejor que puedes hacer por ti mismo es encontrar un profesional fiscal que entienda tanto de criptografía como de derecho fiscal. Esto a menudo ahorra más de lo que cuesta.

Cuando busques ayuda, pregunta por su experiencia con los protocolos DeFi, la fiscalidad del staking y las transacciones NFT. Un buen profesional de la criptofiscalidad se mantiene al día con las normativas emergentes y puede ayudarte a desarrollar estrategias alineadas con tus objetivos de inversión.

Aunque es esencial comprender los fundamentos de la criptoimposición, saber cómo minimizar tu carga fiscal es igual de importante. En el próximo capítulo, exploraremos estrategias especializadas, como la cosecha de pérdidas fiscales y el uso de cuentas con ventajas fiscales como las IRA autodirigidas. Estos enfoques pueden ahorrarte miles de dólares al año en tus inversiones criptográficas.

10 CRIPTOINVERSIÓN LIBRE DE IMPUESTOS Y PLANIFICACIÓN A LARGO PLAZO

Ahora que ya sabes cómo afectan los impuestos a tus criptoinversiones, centrémonos en las estrategias para minimizarlos legalmente. En Estados Unidos, las cuentas con ventajas fiscales ofrecen una poderosa solución: ya no son solo para inversiones tradicionales. Utilizando estratégicamente las Cuentas Individuales de Jubilación (IRA), las IRA Roth y las Cuentas de Ahorro para la Salud (HSA), puedes construir tu cripto cartera mientras reduces significativamente o incluso eliminas las cargas fiscales. Piensa en estas cuentas como escudos que protegen tus ganancias en activos digitales. Este capítulo explora formas prácticas de integrar cripto en estos refugios fiscales y maximizar su potencial de crecimiento a largo plazo.

Cripto IRAs: La fusión de la planificación de la jubilación con los activos digitales

En el contexto estadounidense, una Crypto IRA combina el ahorro para la jubilación con la inversión en activos digitales. A diferencia de las operaciones habituales con criptomonedas, estas cuentas te permiten invertir en Bitcoin, Ethereum y otras criptodivisas sin los típicos problemas fiscales.

Las cuentas IRA tradicionales ofrecen contribuciones deducibles de impuestos con un crecimiento fiscal diferido hasta el momento del retiro. Esto significa que tendrás que pagar impuestos más adelante, cuando hagas los retiros durante la jubilación.

Las cuentas IRA Roth funcionan de manera distinta. Aportas dinero después de impuestos y todo el crecimiento futuro, así como los retiros calificados, están completamente libres de impuestos.

El fraude fiscal millonario: Un escenario hipotético

Imagínate que tomaste tu contribución de $7.000 al Roth IRA y apostaste todo por Solana a $150.

Si Solana alcanza incluso una fracción de lo que ha logrado Bitcoin y llega a los $25.000 por moneda en 2055, esa inversión de $7.000 se convertiría en más de un millón de dólares. ¿El truco? Como está en una cuenta Roth IRA, no pagarás ni un céntimo de impuestos cuando lo retires.

La misma inversión en una cuenta IRA tradicional estaría sujeta a impuestos. Con un modesto tipo impositivo del 24 % en la jubilación, el Tío Sam tendría que cobrarte $280.000.

Obviamente, nadie sabe hacia dónde se dirigen los precios de las criptomonedas el mes que viene, y mucho menos dentro de 30 años. Algunos piensan que Solana estará en $5.000, otros que alcanzará los $70.000. No importa dónde termine, lo que está claro es lo siguiente: pagar impuestos sobre $7.000 ahora es mejor que pagar impuestos sobre un millón de dólares después.

Consejo pro: Si estás invirtiendo para tu jubilación y crees que tu nivel impositivo será del 24 % o superior, sería mejor que no pusieras tus inversiones en criptomonedas en una cuenta IRA tradicional. ¿Por qué? Esas ganancias se gravan como ingresos ordinarios cuando las retiras. Si tu nivel impositivo va a ser superior al 20 % del impuesto sobre plusvalías a largo plazo, tu factura fiscal será mayor. En cualquier caso, estamos hablando del presente. ¿Quién sabe cómo serán las leyes fiscales el año que viene, por no hablar de 2055?

Para crear una cuenta IRA de criptomonedas necesitas encontrar un custodio especializado, ya que no todas las instituciones financieras admiten activos digitales. Una vez que elijas un proveedor, puedes financiar tu cuenta con dinero en efectivo o reinvertir dinero de una cuenta de jubilación existente. A partir de ahí, compras criptoactivos dentro de la estructura de la cuenta IRA, manteniendo todos los beneficios fiscales de la cuenta.

Si quieres una cuenta Roth IRA, asegúrate de que el proveedor que elijas las ofrezca. También es importante hacer tu propia investigación y verificar que la plataforma ofrece las criptomonedas en las que quieres invertir.

Para 2025, puedes aportar hasta $7.000 al año a una cuenta IRA, u $8.000 si tienes 50 años o más. Una limitación importante: no puedes transferir criptomonedas existentes directamente a una cuenta IRA. Tienes que comprar nuevas criptomonedas dentro de la cuenta con el dinero aportado o el dinero de una transferencia. Además, asegúrate de que tu custodio ofrece fuertes medidas de seguridad para proteger tus tenencias digitales.

Cuentas de ahorro sanitario (HSA): Una joya oculta para los criptoinversores

La mayoría de la gente piensa que las HSA son cuentas monótonas destinadas únicamente a gastos médicos. Pero en realidad, estas cuentas son una de las herramientas fiscales más potentes que existen. Las cuentas de ahorro sanitario ofrecen algo único: una triple ventaja fiscal.

¿Por qué son tan especiales las HSA? Para empezar, tus aportaciones son deducibles de impuestos, lo que reduce inmediatamente tu base imponible. Además, todo lo que hay en la cuenta crece libre de impuestos. Por último, cuando uses el dinero para gastos médicos cualificados, no pagarás impuestos sobre los reintegros. Así es: en ningún momento pagas impuestos por ese dinero.

El secreto de las HSA que la mayoría pasa por alto

Considera este ejemplo real: aportas 4.300 dólares a tu HSA este año y los inviertes en Ethereum. Durante la próxima década, imagina que esa inversión crece hasta los 43.000 dólares. No solo obtuviste una desgravación fiscal por tu aportación inicial, sino que los 38.700 dólares de ganancias siguen estando completamente libres de impuestos cuando los uses para gastos médicos.

¿Y lo mejor? Los gastos médicos son inevitables para todos. A diferencia de otras cuentas con ventajas fiscales y penalizaciones por retiradas anticipadas, puedes usar los fondos de la HSA en cualquier momento para gastos sanitarios cualificados. ¿Y si ahora estás sano? El dinero sigue creciendo libre de impuestos hasta que lo necesites, ya sea el año que viene o dentro de décadas, cuando te jubiles.

Consejo pro: Guarda todos los recibos médicos, incluso los de las cosas que ahora pagas en efectivo. Años más tarde, puedes sacar ese dinero libre de impuestos mostrando esos viejos recibos. Mientras tanto, tu cripto ha estado ahí creciendo. Mi suegro acaba de reembolsarse a sí mismo una operación de rodilla de 2012 y básicamente ha obtenido un rendimiento libre de impuestos del 300 %.

Cómo encontrar proveedores de HSA compatibles con criptomonedas

No todos los proveedores de HSA permiten inversiones en criptomonedas. Tendrás que buscar proveedores que ofrezcan HSA autodirigidas con capacidad de corretaje. Empresas como Lively, HealthSavings y Optum Bank han empezado a ofrecer opciones de inversión más allá de los fondos tradicionales, aunque sus selecciones de criptomonedas pueden variar.

Cómo crear tu refugio fiscal criptográfico: Una guía sencilla

Crear una cuenta con ventajas fiscales para criptomonedas no es tan complicado como podría parecer, pero no todas las instituciones financieras reciben a las criptomonedas con los brazos abiertos. Necesitas encontrar custodios especializados que realmente admitan activos digitales en cuentas de jubilación. Empresas como iTrustCapital, BitIRA y Equity Trust han creado sus servicios específicamente para criptoinversores como tú.

Antes de registrarte, comprueba qué criptomonedas admiten. Algunos proveedores únicamente son compatibles con Bitcoin y Ethereum, mientras que otros ofrecen docenas de altcoins.

La seguridad, lo primero

La seguridad de tus criptomonedas es aún más importante dentro de las cuentas con ventajas fiscales, ya que no puedes adicionar y retirar activos libremente. No es posible configurar una cartera fría y mover tus criptomonedas allí, por lo que dependes del custodio para mantener tus inversiones a salvo de los hackers. Haz preguntas difíciles a los posibles custodios sobre cómo protegen tus activos digitales:

- ¿Utiliza el almacenamiento en frío multi-sig para la mayoría de los fondos?
- ¿Qué cobertura de seguro ofrecen?
- ¿Ha sufrido alguna vez una brecha de seguridad?

Un buen proveedor responderá con orgullo a estas preguntas con detalles concretos, no con vagas garantías.

Algunos custodios también restringen lo que puedes hacer con tu cripto. Muchos no permiten el staking ni el yield farming dentro de las cuentas de jubilación. Si las estrategias de ingresos pasivos forman parte de tu plan, asegúrate de preguntar por adelantado sobre estas limitaciones.

Ingresar dinero en tu cuenta

Esta parte es sencilla. Tienes dos opciones principales:

1. Realizar una nueva aportación con dinero en efectivo de tu cuenta bancaria.
2. Transferir fondos de una cuenta IRA, 401(k) o HSA existente.

Recuerda: no puedes transferir directamente tus tenencias de criptomonedas a estas cuentas. El IRS requiere que contribuyas en efectivo primero y luego compres cripto dentro de la cuenta.

Paraísos fiscales globales para las criptomonedas: Más allá de las fronteras de EE. UU.

No todo el mundo vive en Estados Unidos, y las criptomonedas son globales por naturaleza. Si inviertes desde otro país, dispones de tu propio conjunto de herramientas fiscales. Hagamos un rápido viaje alrededor del mundo para ver qué está disponible.

Reino Unido: ISAs con un toque especial

Las Cuentas de Ahorro Individual (ISA) del Reino Unido son similares a las Roth IRA estadounidenses. Ofrecen un crecimiento libre de impuestos para las inversiones. ¿El inconveniente? Las ISAs estándar no admiten criptomonedas directamente. Sin embargo, algunos inversores ingeniosos utilizan ETF de criptomonedas o empresas con una significativa exposición a blockchain dentro de sus ISAs para obtener una exposición indirecta a las criptomonedas mientras mantienen los beneficios fiscales.

Algunos inversores británicos también recurren a las Pensiones Personales Autoinvertidas (SIPP) para exponerse a las criptomonedas a través de vehículos de inversión regulados. Aunque las tenencias directas de criptomonedas no están permitidas, se puede invertir en fondos centrados en criptomonedas que cumplen con la normativa sobre pensiones.

Australia: Soluciones Super para Crypto

En Australia, los habitantes tienen su sistema de jubilación Superannuation ("Super"). Los fondos de jubilación tradicionales se están acercando poco a poco a los activos digitales, y algunos ya asignan pequeñas partes a criptomonedas. Para un mayor control, los fondos de jubilación autogestionados (SMSF) ofrecen a los australianos acceso directo a las inversiones en criptomonedas, al tiempo que mantienen las ventajas fiscales.

Canadá: TFSA y RRSP

Los canadienses disponen de dos opciones principales con ventajas fiscales: las Cuentas de Ahorro Libre de Impuestos (TFSA) y los Planes Registrados de Ahorro para la Jubilación (RRSP). Al igual que en el Reino Unido, las inversiones directas en criptomonedas no están permitidas en las cuentas estándar, pero los canadienses pueden invertir en ETF de criptomonedas regulados que cotizan en la Bolsa de Toronto.

Esto ofrece a los inversores canadienses una ventaja única. Pueden obtener exposición a Bitcoin y Ethereum a través de ETF aprobados dentro de sus cuentas con ventajas fiscales sin necesidad de custodios especializados.

España: Opciones fiscales limitadas pero en evolución

En España, las criptomonedas se consideran activos digitales sujetos al impuesto sobre la renta y al impuesto sobre el patrimonio. No existen cuentas de jubilación como las IRA que permitan invertir en criptomonedas con ventajas fiscales. Sin embargo, los residentes pueden planificar de forma fiscalmente eficiente a través de la gestión del tiempo de tenencia (más de un año) y la compensación de pérdidas.

Mantén un registro detallado de todas tus operaciones. La Agencia Tributaria exige reportar cada transacción en el Modelo 721 o en la declaración anual.

México: Fiscalidad general sin cuentas especiales para cripto

México aún no ha desarrollado estructuras específicas para la inversión en criptomonedas dentro de cuentas con ventajas fiscales. Las criptomonedas se tratan como activos digitales, y las ganancias se consideran ingresos sujetos a impuestos, ya sea como ingresos personales o empresariales, dependiendo de la actividad.

Consulta con un contador especializado en cripto para verificar si tu régimen fiscal puede ofrecer beneficios específicos en función del volumen de tus operaciones.

Más allá de las estructuras tradicionales

Algunos países ofrecen estructuras únicas que merece la pena explorar:

- El Plan de Jubilación Complementario de Singapur (SRS) ofrece ventajas fiscales y más flexibilidad de inversión que muchas cuentas de jubilación occidentales.
- Malta y Portugal han desarrollado políticas fiscales favorables a las criptomonedas que las hacen populares entre los inversores en activos digitales.
- El sistema de jubilación Pilar 3a de Suiza ha empezado a permitir una exposición limitada a criptomonedas.

Recuerda que las leyes fiscales cambian con frecuencia, especialmente en lo que respecta a las criptomonedas. Lo que funciona hoy puede no funcionar mañana. Consulta siempre a un profesional fiscal local antes de realizar movimientos importantes.

Si aún no estás listo para subirte al barco de las ventajas fiscales, todavía hay cosas que puedes hacer para minimizar tu factura fiscal el año que viene.

Cosecha de pérdidas fiscales: Cómo convertir limones en limonada

La realidad es que no todas las compras de criptomonedas resultan ganadoras. Pero hay un secreto que los inversores expertos conocen: incluso las inversiones perdedoras pueden ser valiosas a la hora de pagar impuestos.

La cosecha de pérdidas fiscales es una estrategia que convierte tus "fracasos" en criptodivisas en exenciones fiscales. Cuando tus inversiones pierden valor, puedes venderlas para registrar esas pérdidas sobre el papel. A continuación, puedes utilizar esas pérdidas para compensar las ganancias de tus inversiones exitosas, reduciendo tu factura fiscal en el proceso.

La laguna fiscal de las criptomonedas que no durará para siempre

Aquí es donde las criptomonedas tienen una ventaja única sobre las acciones: la laguna jurídica de la "venta de lavado". Con las acciones, si vendes con pérdidas, debes esperar 30 días antes de volver a comprar el mismo activo, o Hacienda no te permitirá reclamar la pérdida. Pero esta norma no se aplica a las criptomonedas (al menos por ahora).

Esto significa que puedes vender tu Bitcoin con pérdidas hoy, reclamar la deducción fiscal y recomprar exactamente la misma cantidad inmediatamente. Mantienes tu posición y te beneficias de las ventajas fiscales. Es probable que el IRS cierre esta laguna con el tiempo, pero por ahora, es completamente legal.

Formas inteligentes de aprovechar las pérdidas fiscales

Recuerda estos puntos clave a la hora de cosechar pérdidas.

- Tus pérdidas a corto plazo son más valiosas frente a las ganancias a corto plazo, que tributan a tipos más elevados. Si tienes ambos tipos de ganancias, compensa primero las de corto plazo.
- Lleva la cuenta de tu rendimiento en criptomonedas a lo largo del año. Diciembre no es el único momento para cosechar pérdidas. Las caídas del mercado pueden ocurrir en cualquier momento.
- Documéntalo todo minuciosamente. Registra la hora, el precio y el importe exactos de cada transacción. Si Hacienda cuestiona alguna vez tu estrategia, la documentación adecuada marca la diferencia.
- ¿Y si tus pérdidas superan tus ganancias? Puedes deducir hasta $3.000 de tus ingresos regulares. Las pérdidas restantes se trasladan a ejercicios fiscales futuros, lo que te proporciona ventajas fiscales en los años venideros.

Los impuestos no son lo único que hay que planificar. Invertir de forma responsable también significa pensar en el futuro. Eso incluye qué pasará con tus criptoactivos cuando ya no estés aquí.

Planificación del patrimonio criptográfico: ¿Qué pasa con tu Bitcoin cuando mueras?

La mayoría de los criptoinversores pasan horas investigando monedas, creando carteras y siguiendo los movimientos del mercado. Sin embargo, pocos se detienen a considerar una cuestión crucial: ¿qué pasará con tu cripto cuando ya no estés?

A diferencia de los activos tradicionales, que se transfieren automáticamente a través de bancos y corredurías, los criptoactivos pueden desaparecer para siempre si no se planifica con antelación. Tu familia no puede acceder a lo que no tiene las llaves e incluso podría desconocer su existencia.

Un cuento con moraleja: 190 millones de dólares

En 2018, Gerald Cotten, el CEO de la bolsa QuadrigaCX, falleció inesperadamente durante un viaje a la India. ¿El problema? Él era el único con acceso a las wallets del exchange. ¿El resultado? Cerca de 190 millones de dólares en fondos de clientes quedaron permanentemente inaccesibles.

Esta historia real es una advertencia para todos los poseedores de criptomonedas. Sin una planificación adecuada, tus activos digitales podrían perderse para siempre, sin importar su valor. ¿Puedes imaginar ser uno de esos clientes?

Si no quieres que esto te ocurra, necesitas un plan.

Creación de tu plan de legado criptográfico

Empieza con un sencillo inventario de criptomonedas. Enumera todo lo que posees y cómo acceder a ello exactamente:

- ¿Qué wallets usas? ¿Dónde se almacenan?
- ¿Tienes cuentas de cambio? ¿En qué consisten?
- ¿Estás apostando monedas o usas plataformas DeFi?
- ¿Dónde almacenas tus frases semilla y claves privadas?

Este inventario debe ser exhaustivo pero extremadamente seguro. Nunca pongas toda esta información en un único documento sin cifrar.

Para garantizar seguridad sin sacrificar accesibilidad, considera dividir tu plan en partes:

- Incluye las direcciones de las carteras en tu testamento o documentos fiduciarios (de todos modos, son públicos).
- Almacena las claves privadas o frases semilla en una ubicación segura separada.
- Deja instrucciones sobre cómo ensamblar estas piezas.

Muchos inversores usan ahora sistemas de "interruptor de hombre muerto", en los que familiares de confianza obtienen acceso a las claves si no te registras durante un periodo determinado. Otros usan multi-sig wallets que requieren que varias personas aprueben las transacciones.

Tampoco tienes que esperar hasta que ya no estés para transferir criptomonedas si así quieres enfocarlo.

Criptodonaciones libres de impuestos: Una estrategia de planificación en vida

Cada año, puedes donar hasta $19.000 por persona (en 2025) sin tener que pagar impuestos sobre donaciones. Esta estrategia reduce tu patrimonio imponible mientras compartes riqueza con tus seres queridos durante tu vida.

¿Y lo mejor? Si regalas una criptomoneda cuyo valor se dispara más tarde, todo ese crecimiento se produce fuera de tu patrimonio. Tu regalo de 19.000 dólares en Ethereum hoy podría valer muchas veces más en manos de tu destinatario años más tarde, sin implicaciones fiscales para ti.

Combinando una donación bien pensada con una planificación segura de la herencia, te aseguras de que tu criptoriqueza beneficie a quienes más quieres.

Preguntas frecuentes sobre la criptoinversión con ventajas fiscales

P: ¿Qué ocurre si retiras criptomonedas de tu cuenta IRA antes de la edad de jubilación?

R: Los retiros anticipados (antes de los 59½ años) suelen conllevar impuestos sobre la renta, además de una penalización del 10 %. En el caso de las cuentas Roth IRA, puedes retirar las aportaciones (pero no los rendimientos) sin penalización después de cinco años. Sin embargo, pagarás el impuesto sobre la renta al tipo normal.

P: ¿Puedo apostar mis criptomonedas en una cuenta con ventajas fiscales?

R: La mayoría de los custodios de cripto IRA no admiten actualmente el staking debido a problemas técnicos y normativos. Sin embargo, esto está cambiando a medida que los proveedores desarrollan más capacidades. Pregunta a los posibles custodios específicamente acerca del staking si esto es importante para tu estrategia.

P: Si utilizo una cuenta IRA LLC autodirigida (una estructura disponible en EE. UU.), ¿puedo gestionar mis propias claves criptográficas?

R: Sí, con la estructura adecuada. Algunos inversores utilizan una "IRA de chequera" con una LLC para obtener un control más directo sobre sus criptoactivos. Este enfoque requiere una cuidadosa configuración y cumplimiento para evitar transacciones prohibidas que podrían descalificar toda tu cuenta IRA.

P: ¿Cuál es el mayor error que comete la gente al invertir en criptomonedas con ventajas fiscales?

R: No empezar con suficiente antelación. El poder de estas cuentas radica en el crecimiento a largo plazo libre de impuestos o con impuestos diferidos. Incluso pequeñas aportaciones pueden crecer sustancialmente durante décadas, especialmente con activos volátiles como las criptomonedas.

Con eso, ahora estamos entrando en temas más avanzados. Sigamos por este camino en el próximo capítulo y exploremos algunas técnicas avanzadas de inversión.

11 TÉCNICAS AVANZADAS DE INVERSIÓN: CÓMO LLEVAR TUS INVERSIONES AL SIGUIENTE NIVEL

¿Estás preparado para ir más allá de comprar y mantener criptomonedas? Existen otras técnicas que pueden amplificar realmente tus beneficios mientras mantienes el riesgo bajo control. Este capítulo desglosa las estrategias que utilizan los criptoinversores profesionales, pero que rara vez se discuten en foros públicos: reequilibrar sistemáticamente tu cartera para asegurar las ganancias, utilizar estratégicamente el apalancamiento cuando las probabilidades están a tu favor, detectar nuevas criptomonedas prometedoras antes de que aumenten de valor, y poner tus activos a trabajar generando ingresos pasivos a través de smart contracts. Se trata de enfoques prácticos que pueden transformar tu forma de invertir en activos digitales.

Reequilibrio de la cartera

Tu cartera de criptomonedas es como una planta. Crece de manera desigual y necesita una poda regular para mantenerse saludable. Ahí es donde entra el reequilibrio. En esencia, se trata de mantener la disciplina cuando las emociones quieren tomar el control. Vendes algunas de las acciones ganadoras (sí, esas que continúan subiendo) y compras más de las que están rezagadas. Suena contradictorio, ¿verdad? Pero este enfoque, contrario a la intuición, es justamente lo que mantiene bajo control tus niveles de riesgo y evita que un único activo en alza domine tu cartera.

¿Por qué es importante reequilibrar?

Sin un reequilibrio, podrías despertarte y descubrir que tu cartera, cuidadosamente diversificada, se ha transformado en una apuesta de alto riesgo por una única ficha. He visto a inversores que empezaron con un enfoque equilibrado acabar con el 70 % de su cartera en un único activo simplemente porque funcionaba bien. Cuando ese activo se desplomó, echó por tierra años de ganancias.

- **Control del riesgo:** Evita la sobreexposición a activos de alto riesgo redistribuyendo las ganancias en inversiones más seguras.
- **Bloqueo de beneficios:** Garantiza que los beneficios de los activos en alza se aprovechen antes de una posible caída.
- **Evitar las tendencias del mercado:** Fomenta la inversión disciplinada en lugar de reaccionar a los vaivenes emocionales.
- **Mantener la alineación de la estrategia:** Mantiene la coherencia de la cartera con tus objetivos financieros a largo plazo.

Con el tiempo, el reequilibrio suaviza la volatilidad extrema para que puedas gestionar los riesgos a la baja sin dejar de beneficiarte de las tendencias alcistas del mercado.

Establecer una estrategia de reequilibrio que funcione

No te conviertas en un maniaco del reequilibrio, comprobando los precios cada hora y ajustando las asignaciones. Ese camino también conduce al estrés y al exceso de operaciones. Acaba siendo contraproducente. En su lugar, elige una estrategia de reequilibrio que puedas mantener.

La mayoría de los criptoinversores de éxito utilizan uno de estos enfoques:

- **Reequilibrio basado en umbrales:** Establece bandas de tolerancia para cada activo (por ejemplo, ±5 % de tu objetivo). Cuando Bitcoin pasa de su objetivo del 40 % a más del 45 % de tu cartera, vendes parte y redistribuyes. Simple pero eficaz.

- **Reequilibrio temporal:** Marca en tu calendario revisiones mensuales, trimestrales o anuales de tu cartera. Esto evita la observación obsesiva de los gráficos que vuelve locos a muchos criptoinversores. En el día designado, ajustas todo de nuevo a tus porcentajes objetivo, independientemente de las condiciones del mercado.
- **Reequilibrio algorítmico y automatizado:** Deja que la tecnología haga el trabajo pesado. Plataformas como Shrimpy reequilibran automáticamente en función de tus reglas. 3Commas ofrece soluciones basadas en bots para mantener tus asignaciones bajo control.

No existe un enfoque único que funcione para todos. Un operador diario puede preferir el reequilibrio basado en umbrales, mientras que alguien con un trabajo a tiempo completo fuera de las criptomonedas puede optar por el reequilibrio trimestral o la automatización.

Escenarios prácticos de reequilibrio

Permíteme mostrarte algunos ejemplos reales de cómo funciona el reequilibrio:

El escenario de ruptura de Bitcoin

Empezaste con un 40 % de Bitcoin, un 30 % de Ethereum y un 30 % de stablecoins. Bitcoin se dispara y de repente representa el 60 % de tu cartera. Tu instinto te grita "¡déjalo correr!", pero tu estrategia de reequilibrio te dice lo contrario. Vendes parte de Bitcoin y distribuyes los beneficios entre ETH y stablecoins para restablecer tu asignación original. Un mes más tarde, cuando el Bitcoin retrocede un 20 %, tú ya has acumulado esas ganancias.

La jugada de la rotación de sectores

Tu cartera está compuesta principalmente de blockchains de capa 1 (Ethereum, Solana, Avalanche), pero observas que los tokens DeFi los están superando. En lugar de abandonar por completo tu estrategia, reequilibras tu cartera desplazando una parte de tus participaciones en la capa 1 hacia proyectos DeFi seleccionados. Este enfoque controlado te da exposición al sector de moda sin lanzarte de lleno a una tendencia que podría revertirse.

La realidad de la reducción de riesgos

Empezaste con un 50 % de altcoins y un 50 % de Bitcoin/stablecoins. El repunte de las altcoins eleva esta asignación al 70 % de altcoins. La emoción aumenta, pero también el riesgo. Al reequilibrar tu distribución original 50/50, bloqueas los beneficios de las altcoins mientras te aseguras de que una corrección importante no devastará tu cartera.

Es fácil suponer que una inversión que ha estado subiendo continuará su trayectoria ascendente para siempre. Aprovecha tus beneficios mientras puedas. Así obtendrás mejores resultados a largo plazo.

Consideraciones fiscales al reequilibrar

Aquí está de nuevo la parte divertida: los impuestos. Cada vez que te reequilibras mediante la venta de activos, se desencadenan potencialmente hechos imponibles. El impacto varía drásticamente en función de tu lugar de residencia.

Algunos puntos críticos que conviene recordar:

- Conoce las normas de tu jurisdicción sobre las ganancias de capital a corto y largo plazo.
- Mantén registros meticulosos de tu base de costo (lo que pagaste) por cada compra de cripto.
- Considera las cuentas con ventajas fiscales.
- Considera la posibilidad de acumular pérdidas fiscales.

Utilizar plataformas de smart contracts para obtener ingresos pasivos

Vamos a desglosar las tres estrategias principales que pueden generar rendimientos constantes en las plataformas de smart contracts sin necesidad de comprobar obsesivamente los gráficos de precios.

Estacas: el equivalente digital de los ahorros remunerados

El staking es la estrategia de ingresos pasivos de nivel básico en cripto. Tú bloqueas tokens para ayudar a asegurar una red blockchain y ganar recompensas por tu servicio.

Funciona así: las cadenas de bloques Proof-of-Stake necesitan poseedores de tokens para validar las transacciones. Al comprometer tus tokens, te conviertes en un minibanco que procesa la actividad de la red. La red te paga por este servicio con tokens adicionales, normalmente entre el 4 % y el 15 % anual, dependiendo de la blockchain.

Entre las opciones de staking más populares se incluyen:

- **Ethereum:** Actualmente pagando alrededor de 3–5 % APY.
- **Cosmos:** Ofreciendo aproximadamente 8–12 % APY.
- **Solana:** Proporciona aproximadamente un 6–11 % APY.
- **Polkadot:** Genera alrededor del 10–14 % APY.

La belleza del staking es su simplicidad. Si apuestas 10 ETH con un 5 % anual, tendrás 10,5 ETH al cabo de un año y 11,025 al cabo de dos años, capitalizándose sin esfuerzo adicional alguno por tu parte.

El problema es que los tokens suelen estar bloqueados durante períodos específicos. Si los precios caen mientras tus activos están bloqueados, puedes verte forzado a observar cómo se evapora su valor sin la posibilidad de vender.

Puede que estés pensando: "¿Por qué voy a apostar mi cripto si no quiero ser validador?". La respuesta corta es que no tienes que hacerlo. Muchos exchanges centralizados populares te permiten apostar tu cripto sin ejecutar hardware o software. Combinan tus tokens con otros en un pool de apuestas y operan sus propios validadores o delegan en otros de confianza. A medida que los validadores obtienen recompensas por asegurar la red, el exchange comparte una parte de estas recompensas contigo, a menudo como intereses.

Fondos de liquidez: banca para la criptoeconomía

Los exchanges descentralizados utilizan pools de liquidez o colecciones de activos emparejados que permiten el comercio. Al añadir tus tokens a estos pools, ganas una parte de cada operación que utilice tu liquidez.

Por ejemplo, si añades valores iguales de ETH y USDC a un pool de Uniswap, los operadores que intercambien entre estos activos te pagarán una parte de sus comisiones de negociación. Los pools activos de los principales DEX pueden generar entre un 5 % y un 30 % o más de rentabilidad anual, en función del volumen de transacciones.

Entre las principales plataformas de provisión de liquidez figuran:

- Uniswap en Ethereum.
- PancakeSwap en la cadena BNB.
- Curve Finance para pares de stablecoin.
- Balancer para pools multiactivos.

¿El verdadero atractivo? A diferencia de la financiación tradicional, en la que los bancos se embolsan el diferencial entre los tipos de interés de los depósitos y los de los préstamos, en DeFi tú captas ese valor directamente. Te conviertes en el banco.

Yield Farming: estrategias multicapa avanzadas

Si el staking es una cuenta de ahorros y los pools de liquidez son como ser banquero, el yield farming es como dirigir un fondo de cobertura (Nota: Esta es una estrategia avanzada que conlleva riesgos adicionales y suele requerir una gestión activa). Consiste en mover estratégicamente activos entre distintos protocolos para maximizar los rendimientos de múltiples fuentes simultáneamente.

Una estrategia básica de yield farming podría ser:

1. Depositar stablecoins en Aave como garantía.
2. Tomar prestado otro activo contra tu garantía.
3. Proporcionar el activo prestado a un fondo de liquidez que genera grandes beneficios.
4. Cobrar comisiones de liquidez más incentivos adicionales en tokens.

Cuando se ejecuta correctamente, el yield farming puede generar APYs sorprendentes, a veces de tres dígitos. Pero estos rendimientos conllevan un riesgo compuesto y suelen requerir ajustes frecuentes de la cartera.

Riesgos que no puedes ignorar

Las estrategias de ingresos pasivos mencionadas suenan increíbles sobre el papel. Pero implican riesgos que los influencers de YouTube ignoran convenientemente cuando promocionan sus plataformas favoritas.

El problema de la vulnerabilidad de los smart contracts

No olvides nuestra discusión anterior sobre los retos de los smart contracts. Los protocolos DeFi funcionan con código, y el código puede tener errores. Solo en 2022, los hackers robaron más de 3.000 millones de dólares de los protocolos DeFi a través de varios exploits. Cuando los smart contracts fallan, a menudo lo hacen de forma catastrófica, y los usuarios pierden el 100 % de los fondos depositados.

Ni siquiera los proyectos auditados son inmunes. Múltiples protocolos "seguros" y "auditados" han sido vaciados a través de novedosos vectores de ataque. ¿Tu mejor protección? Diversificar las plataformas y mantenerte al día con las prácticas de seguridad.

Comprender la pérdida impermanente

Este concepto contraintuitivo sorprende a muchos proveedores de liquidez. Si depositas un par ETH/USDC y ETH duplica su precio, te habría ido mejor simplemente manteniendo ETH en lugar de proporcionar liquidez.

¿Por qué? Porque a medida que sube ETH, el pool vende automáticamente parte de tu ETH por USDC para mantener el equilibrio. Cuando te retires, tendrás más USDC pero menos ETH que al principio, y te perderás parte de la revalorización de ETH.

Cuanto más volátil sea el par de activos y mayor sea el movimiento del precio, mayor será tu pérdida impermanente. En pocas palabras, puedes terminar con menos de lo que tendrías si simplemente hubieras mantenido los tokens. Los pares de stablecoins (como USDC/DAI) minimizan este riesgo, pero ofrecen menores rendimientos.

El espejismo del rendimiento

Muchos proyectos ofrecen temporalmente rendimientos insostenibles para atraer liquidez. Una nueva DEX puede ofrecer un 300 % de APY mediante incentivos de tokens, pero estas tasas se desploman inevitablemente a medida que entra más capital o caen los precios de los tokens.

Pregúntate: ¿De dónde vienen realmente estos rendimientos? Si la respuesta es "de tokens recién acuñados", no confíes en la sostenibilidad a largo plazo.

Incertidumbre regulatoria

Los gobiernos de todo el mundo vigilan cada vez más el DeFi. Una represión regulatoria podría afectar drásticamente a determinados protocolos o estrategias. Mantente informado sobre las novedades en tu jurisdicción y considera el perfil de riesgo regulatorio de las distintas plataformas.

La cuestión de la sostenibilidad

Algunos críticos sostienen que los rendimientos actuales de la DeFi están artificialmente inflados e inevitablemente disminuirán a medida que el mercado madure. No les falta razón. Muchos rendimientos proceden de incentivos simbólicos que no pueden durar eternamente.

El contraargumento es que las finanzas tradicionales extraen un valor enorme a través de intermediarios, comisiones y estructuras opacas. DeFi redistribuye ese valor entre los participantes. Aunque es probable que las APY del 100 %+ desaparezcan, la eficiencia del DeFi podría mantener rendimientos significativamente superiores a los de las inversiones tradicionales a largo plazo.

Consejos para empezar

Si te intriga el potencial de ingresos pasivos de los smart contracts, aquí te explicamos cómo sumergirte sin lanzarte de lleno a las profundidades:

1. Comienza con un staking simple en plataformas principales como Ethereum o Cosmos.
2. Utiliza protocolos establecidos con un largo historial antes que plataformas más nuevas.
3. Nunca comprometas fondos que podrías necesitar en caso de emergencia.
4. Reparte tu capital entre múltiples estrategias y plataformas.
5. Utiliza herramientas como DeBank o Zapper para hacer un seguimiento de tus posiciones en los distintos protocolos.
6. Establece recordatorios en el calendario para comprobar el rendimiento y capitalizar las recompensas.

Recuerda que la tortuga a menudo vence a la liebre. Un rendimiento constante del 8–12 % con un riesgo mínimo puede ser mejor que perseguir rendimientos superiores al 100 % que podrían desaparecer de la noche a la mañana o simplemente provocar una pérdida total.

Los rendimientos más valiosos son los que realmente puedes conservar.

Un ejemplo práctico: construir una cartera de ingresos pasivos

Veamos cómo puede funcionar esto en la práctica. Imagina que tienes 10.000 dólares para destinar a estrategias de ingresos pasivos.

Enfoque conservador ($10.000):

- $5.000 en apuestas Ethereum (5 % APY).
- $3.000 en liquidez USDC/DAI en Curve (3–8 % APY).
- $2.000 en Bitcoin en una plataforma de préstamos como Celsius (3–6 % APY).
- Rentabilidad anual prevista: $450–700 (4,5–7 %).
- Nivel de riesgo: Moderado.

Enfoque equilibrado ($10.000):

- $3.000 en apuestas Ethereum (5 % APY).
- $3.000 en liquidez ETH/USDC en Uniswap (10–20 APY).
- $2.000 en préstamos de stablecoin en Aave (3–10 % APY).
- $2.000 en apuestas de tokens de capitalización media (Cosmos, Polkadot, etc. al 10–14 % APY).
- Rentabilidad anual prevista: $750–1.400 (7,5–14 %).
- Nivel de riesgo: Medio-Alto.

Enfoque agresivo ($10.000):

- $2.000 en apuestas Ethereum (5 % APY).
- $3.000 de liquidez para nuevos y prometedores protocolos DeFi (20–80 % APY).
- $3.000 en estrategias de yield farming activo (15–100 % APY).

- $2.000 en tokens de gobernanza para protocolos emergentes (10–30 % APY).
- Rentabilidad anual prevista: $1.300–4.500 (13–45 %).
- Nivel de riesgo: Muy alto.

Se trata de ejemplos simplificados. La aplicación real requeriría una investigación más profunda del protocolo y un seguimiento regular. Cuanto mayor sea el rendimiento potencial, mayor será la gestión práctica necesaria.

Obtener ingresos pasivos a través de smart contracts es una forma poderosa de poner tus activos a trabajar. Pero las criptomonedas nunca se detienen. Mientras tu dinero se acumula en un segundo plano, tu atención debe centrarse en lo que está por venir. La ventaja real viene de detectar los cambios del mercado e identificar los proyectos emergentes antes de que se conviertan en la corriente principal. Hablemos de cómo prepararte para la próxima evolución.

Prepararse para la próxima evolución del mercado

La revolución del mañana ya está tomando forma en GitHub y en los canales de Discord de los desarrolladores. Los inversores que detectan estos cambios a tiempo no solo obtienen beneficios, sino que también evitan pérdidas catastróficas cuando las tecnologías obsoletas se desmoronan.

Piensa en quienes reconocieron el potencial de DeFi a principios de 2020, antes del auge del verano. O en los coleccionistas de NFT que compraron arte digital antes de que los famosos se lanzaran al ruedo. O aquellos que migraron a las stablecoins antes del colapso de 2022. Anticiparse a las transiciones del mercado no solo es rentable; es una medida protectora.

Leer los cambios de humor del mercado

El sentimiento de los criptomercados fluctúa como los patrones meteorológicos: a veces de forma gradual y otras, violentamente. Estas corrientes psicológicas son las que impulsan los flujos de capital entre diferentes sectores y enfoques.

Durante los mercados alcistas, el dinero fluye de Bitcoin a las empresas de gran capitalización, luego a las de mediana y pequeña capitalización, y por último a los proyectos más arriesgados de microcapitalización. El FOMO lleva a los inversores a buscar oportunidades cada vez más especulativas.

En los mercados bajistas, este proceso se invierte. El capital regresa rápidamente a la seguridad, desde las microcotizaciones a los proyectos establecidos, pasando por Bitcoin y terminando en stablecoins. El miedo a perderlo todo supera al FOMO.

Estos son cambios psicológicos masivos que se manifiestan en variaciones de precios, y se repiten con sorprendente regularidad. Identificar en qué punto del ciclo nos encontramos otorga una enorme ventaja.

La entrada de dinero institucional en las criptomonedas agrega otra dimensión. Los agentes financieros tradicionales suelen comenzar con una exposición a Bitcoin, se aventuran luego en Ethereum, y antes de explorar DeFi y otros sectores. Esos puntos de entrada suelen mostrar cuándo ciertos sectores están empezando a ganar legitimidad.

Así es como puedes desarrollar tu capacidad para detectar tendencias.

Sigue a los desarrolladores, no a los influencers

La próxima gran criptomoneda está siendo creada por quienes codifican, no por quienes hacen miniaturas de YouTube con caras de asombro. Sigue los commits en GitHub, no el número de suscriptores.

Monitorea las discusiones técnicas en cripto Twitter/X, servidores de Discord y foros de desarrolladores. Presta atención cuando varios constructores respetados empiecen a explorar el mismo concepto tecnológico.

Observar las señales del dinero inteligente

Descubre dónde invierten las empresas de capital de riesgo como Paradigm, a16z y Multicoin Capital. Sus equipos de investigación invierten millones en identificar sectores prometedores antes de que se generalicen.

Las herramientas de seguimiento de carteras pueden mostrarte qué compran los veteranos criptoinversores antes de que se produzcan movimientos significativos en los precios. Servicios como Nansen y Santiment ofrecen información sobre el comportamiento de las ballenas, a menudo precediendo a los cambios del mercado.

Identificar los puntos débiles

Las innovaciones criptográficas de mayor éxito resuelven problemas reales. Ethereum solucionó la limitada programabilidad de Bitcoin. Uniswap resolvió las limitaciones del exchange centralizado. Las soluciones de capa 2 abordaron las elevadas comisiones de Ethereum.

Pregúntate: ¿Cuál es el mayor problema sin resolver en criptomonedas en este momento? ¿Las altas comisiones, la interoperabilidad entre cadenas, la experiencia del usuario, el cumplimiento regulatorio, el escalado? Los proyectos que aborden eficazmente estos problemas liderarán el próximo ciclo.

Las transiciones del mercado no se anuncian con señales de advertencia convenientes. Ocurren mientras la mayoría de los inversores están distraídos con las oportunidades actuales. La preparación lo es todo.

Detectar temprano una tendencia o una oportunidad es solo la mitad de la ecuación. Lo que se hace con ese conocimiento es lo que separa a los especuladores de los inversores estratégicos. Una vez identificado el rumbo del mercado, el siguiente paso consiste en posicionar la cartera para capitalizar los proyectos emergentes sin exponerse en exceso a riesgos innecesarios. Aquí te explicamos cómo enfocarlo.

Cómo aumentar tu exposición

¿Qué proporción de tu cartera deberías invertir en criptomonedas emergentes? Eso depende de tu tolerancia al riesgo, pero aquí te ofrecemos un marco:

Enfoque conservador (asignación del 5–10 %):

- Enfoca tu capital en alternativas establecidas a Ethereum (Solana, Avalanche, Polkadot).
- Limita la exposición a proyectos individuales al 1–2 % de tu cartera total.

- Invierte solo en proyectos con productos en funcionamiento y una adopción significativa.

Enfoque moderado (asignación del 10–20 %):

- Incluye proyectos de mediana capitalización tanto consolidados como prometedores.
- Diversifica por sectores (algo de DeFi, algo de infraestructuras, algo de NFT/juegos).
- Asigna un 2–3 % a proyectos individuales de alta convicción.

Enfoque agresivo (asignación del 20–30 %):

- Incluye proyectos en fase inicial con fundamentos sólidos pero una adopción actual limitada.
- Toma pequeñas posiciones (0,5–1 %) en proyectos muy incipientes con equipos excepcionales.
- Reequilibra activamente a medida que surgen ganadores y toma beneficios regularmente.

Este proceso de filtrado elimina el 95 % de los nuevos proyectos (como debe ser). Las inversiones de calidad son escasas, especialmente en criptomonedas emergentes.

Hagas lo que hagas, no comprometas demasiado de tu cartera a estos proyectos emergentes. Demasiados inversores lo hacen. Ponen el 80 % en microcapitalizaciones especulativas y el 20 % en proyectos establecidos. Incluso la innovación más brillante necesita tiempo para demostrar su valía, y muchos proyectos conceptualmente sólidos fracasan en su ejecución.

Sé que tienes preguntas candentes sobre monedas meme como DOGE y PEPE. Elon Musk lo resumió perfectamente en un reciente artículo de Forbes: "Si esperas ganar en meme coins estás siendo tonto, no vas a ganar, no hundas los ahorros de tu vida en una memecoin... no apuestes la granja". Las meme coins suelen carecer de utilidad más allá de la especulación. Muchas experimentan rápidas subidas seguidas de fuertes caídas. Algunas nunca se recuperan.

Los peligros ocultos que la mayoría de los inversores ignoran

Más allá del riesgo obvio de elegir el proyecto equivocado, las criptomonedas emergentes conllevan peligros adicionales que pueden atrapar incluso a inversores experimentados:

La trampa de la liquidez

Los tokens poco negociados pueden experimentar un deslizamiento significativo —a veces del 10–30 % o más—, especialmente durante periodos volátiles o grandes ventas masivas. Comprueba siempre el volumen de negociación en 24 horas antes de invertir cantidades significativas.

La ruleta reglamentaria

Los nuevos proyectos operan en zonas grises reglamentarias. Un simple anuncio de la SEC o la prohibición de un país puede hacer que los precios caigan en picado de la noche a la mañana. Esos simpáticos tokens de animales podrían clasificarse como valores no registrados.

La realidad del proyecto abandonado

Los equipos de desarrollo pierden financiación, motivación o unidad. Proyectos antaño prometedores se abandonan con vagos anuncios sobre "explorar alternativas estratégicas". Ten siempre una estrategia de salida.

Riesgo de exclusión de los exchanges

Los tokens más pequeños pueden ser excluidos de los exchanges debido a su bajo volumen o a problemas regulatorios, dejando a los inversores con activos que no pueden vender fácilmente.

Algunos inversores sostienen que es mejor quedarse con Bitcoin y Ethereum. ¿Su razonamiento? Los rendimientos ajustados al riesgo de valores de primera fila cuidadosamente seleccionados suelen superar a una cartera de apuestas especulativas una vez contabilizados los inevitables perdedores.

La realidad

Invertir en criptomonedas emergentes no es un plan para hacerse rico rápidamente. Es como invertir en una startup. Las cosas necesitan tiempo para madurar y la mayoría de los proyectos ni siquiera sobrevivirán a un ciclo completo de mercado. Los que lo consiguen pueden ofrecer rendimientos extraordinarios, pero son la excepción, no la regla.

Tu ventaja viene de una mejor investigación, una mayor convicción y una disciplina más estricta que la del inversionista promedio. Establece criterios claros tanto para comprar como para vender. Ten claro de antemano cómo se ve el éxito y toma beneficios cuando los proyectos alcancen sus objetivos. Esta disciplina separa a los inversionistas que captan valor de los que ven cómo se evaporan las ganancias sobre el papel.

Recuerda: en las criptomonedas emergentes, tu objetivo no es atrapar a todos los ganadores, sino encontrar algunas innovaciones genuinas y evitar el mar de tokens sin valor que eventualmente se irán a cero.

Mantener capital disponible

Las mejores oportunidades suelen aparecer durante las dificultades del mercado, cuando los proyectos de calidad caen un 80–90 % desde sus máximos. Sin capital disponible, te perderás estos momentos generacionales de compra.

Mantén un 10–20 % de tu cartera de criptomonedas en stablecoins, independientemente de las condiciones del mercado. Necesitas estar preparado con munición cuando surjan oportunidades raras y asimétricas. No querrás que te pillen con los bolsillos vacíos cuando aparezca algo que creas que podría ser el próximo Ethereum.

Durante los días más oscuros del criptoinvierno, cuando la desesperación es máxima y los precios parecen destinados a caer para siempre, despliega este capital metódicamente en proyectos de alta convicción, con flujos de caja positivos y sólidos fundamentos. La paciencia y la preparación separan a los que sobreviven al criptoinvierno de los que prosperan tras él.

La última palabra sobre la evolución del mercado

Prepararse para el próximo cambio del mercado es cuestión de concienciación y flexibilidad. Los mejores inversores en criptomonedas combinan:

- Investigación en profundidad para identificar tendencias emergentes.
- Dimensionamiento disciplinado de las posiciones para gestionar el riesgo.
- Diversificación estratégica entre sectores de mercado.
- Despliegue paciente del capital en condiciones extremas.
- Fortaleza emocional para actuar en contra del sentimiento del mercado.

Recuerda: cuando una tendencia criptográfica es obvia para todos, el dinero fácil ya se ha hecho. Los mayores beneficios provienen de ver lo que otros aún no ven.

No persigas el impulso de ayer. Prepárate para el cambio de paradigma de mañana.

AYUDAR A NUEVOS INVERSORES A ENCONTRAR SU CAMINO: COMPARTE TU OPINIÓN

Hola,

Gracias por leer mi guía de inversión en criptomonedas. Escribí este libro para ayudar a quienes están empezando a navegar el mundo cripto, y tu opinión es muy valiosa.

Las reseñas no solo ayudan a otros lectores. También destacan recursos útiles y mejoran la educación. Tanto si el libro te resultó útil como si encontraste algo que se puede mejorar, tu aporte marca la diferencia.

¿Las explicaciones te ayudaron a entender conceptos complejos? ¿Pudiste tomar acción después de leer? ¿Alguna parte te dejó con dudas? Quiero saber qué funcionó y qué no.

Tomarte un par de minutos para compartir tu experiencia puede:

- Ayudar a otros cripto principiantes a encontrar información confiable.
- Mejorar la calidad de los recursos educativos.
- Darme ideas para nuevas ediciones o contenidos futuros.
- Generar más confianza en un espacio que a veces se siente confuso.

Tu reseña no tiene que ser larga. Con 60 segundos alcanza.

Haz clic aquí para dejar tu opinión.

Gracias por ser parte de esta comunidad. Una buena información crea inversores más preparados, y tu opinión ayuda a todos a tomar mejores decisiones.

¡Felices inversiones!

Lauren @ ModernMind Publications

P.D. ¿Tienes preguntas sobre criptomonedas que no tocamos en el libro? Escríbenos a modernmindpublications@gmail.com

CONCLUSIÓN

Hemos recorrido juntos un largo camino. Desde los fundamentos del blockchain hasta las estrategias fiscales, ahora entiendes lo que la mayoría de los inversores nunca se molestan en aprender. Pero el conocimiento sin acción no es más que trivialidades.

¿Y ahora qué?

Tómate un momento e imagínate dentro de un año. Has creado tu primer wallet cripto. Has realizado tu inversión inicial. Has capeado tu primera caída del mercado sin ventas de pánico (quizás incluso compraste más durante la caída).

¿Cómo te sentirías?

Quizá estés pensando: "Por fin podría sentir que me estoy poniendo al día en el ahorro para la jubilación".

Tal vez sea: "Podría crear riqueza en mis propios términos, fuera del sistema tradicional que no fue diseñado para gente como yo".

O simplemente: "Podría dejar de tener miedo de lo que no sé".

Tu viaje criptográfico puede empezar con poco. 50 dólares al mes, quizás. Pero, ¿y dentro de cinco años? ¿Diez? El efecto compuesto de la inversión constante, junto con el potencial de crecimiento de la tecnología blockchain, podría transformar tu realidad financiera.

André De Shields, intérprete de Broadway y ganador de un premio Tony, dijo una vez: "Despacio es la forma más rápida de llegar a donde uno quiere".

Imagínate alcanzando hitos que antes creías imposibles:

- Saldar las deudas pendientes con el rendimiento de las inversiones.
- Crear un fondo para la universidad que siga el ritmo del aumento de las matrículas.
- Crear flujos de ingresos pasivos que reduzcan tu dependencia de un sueldo.
- Financiar las vacaciones de tus sueños, la reforma de tu casa o la jubilación anticipada que has estado posponiendo.

Esto no es fantasía. Personas reales como tú lo han hecho. ¿Cuántos millonarios de Bitcoin hay ahí fuera? Gente que puso 50 dólares por capricho y ahora no tiene que trabajar ni un día más en su vida. Esas oportunidades todavía pueden existir.

¿Qué puede significar esto para ti?

El coste de oportunidad de la inacción es real. Mientras otros crean riqueza en este nuevo sistema financiero, ¿seguirás tú al margen? ¿Seguirás diciéndote "es demasiado tarde" o "es demasiado arriesgado" dentro de cinco años?

No puedo prometerte que te harás rico. Ningún libro honesto sobre criptografía debería hacerlo. Pero puedo prometerte que tomar acciones informadas basadas en lo que has aprendido crea posibilidades que sentarse quieto nunca lo hará.

Empieza hoy mismo. Empieza poco a poco si es necesario. Comete errores pronto, cuando hay poco en juego.

Y recuerda: no tienes por qué hacerlo solo. Únete a comunidades en línea donde los principiantes se apoyen mutuamente. Sigue a personas creíbles que compartan sus ideas sin exagerar. Vuelve a leer este libro cuando te sientas inseguro.

El futuro de las finanzas se está escribiendo ahora mismo, y tú tienes la pluma. ¿Qué historia contarás?

Tu primera transacción te espera. Tu primer ciclo de mercado te llama. Tu transformación financiera empieza ahora.

Solo te queda empezar.

REFERENCES

- Authy. "Protect Your Crypto Accounts with Authy 2FA." https://authy.com/blog/protecting-your-cryptocurrency-with-authy/
- Axie Infinity Whitepaper. https://whitepaper.axieinfinity.com/
- Binance. "Binance DEX Overview." https://docs.binance.org/
- Binance. "Support Announcement: Binance Updates." https://www.binance.com/en/support/announcement/detail/360028031711
- Binance Academy. "Proof of Work Explained." https://academy.binance.com/en/articles/proof-of-work-explained
- BitGo. "Wallet and Custody Guide." https://www.bitgo.com/resources/wallet-and-custody-guide/
- Bitconned. Directed by Bryan Storkel. Netflix, 2024.
- Bitcoinist. "Solana (SOL) Jumped from $1.50 to $259 ATH in 2021." Bitcoinist, 2024. https://bitcoinist.com/solana-sol-jumped-from-1-50-to-259-ath-in-2021-experts-reckon-this-under-0-10-altcoin-could-replicate-the-same/
- Blockchain.com. Genesis Block Explorer. https://www.blockchain.com/explorer/blocks/btc/0
- Bloomberg. "JPMorgan's Blockchain Division Processing $300 Billion Daily." https://www.bloomberg.com/news/articles/2023-09-12/jpmorgan-s-blockchain-division-now-moving-300-billion-daily
- Bloomberg News. "El Salvador President Says Nation Adopts Bitcoin as Legal Tender." Bloomberg, June 9, 2021. https://www.bloomberg.com/news/articles/2021-06-09/el-salvador-president-says-nation-adopts-bitcoin-as-legal-tender
- Basic Attention Token. "Basic Attention Token (BAT)." https://basicattentiontoken.org/
- Cambridge Bitcoin Electricity Consumption Index. https://ccaf.io/cbeci/index
- CarbonCredits.com. "The Energy Debate: How Bitcoin Mining, Blockchain, and Cryptocurrency Shape Our Carbon Future." Last modified 2024. https://carboncredits.com/the-energy-debate-how-bitcoin-mining-blockchain-and-cryptocurrency-shape-our-carbon-future
- Chainalysis. "2024 Crypto Hacking Year in Review: $1.7B Stolen, a Drop from 2022's Record-Breaking $3.7B." *Chainalysis Blog*, February 7, 2024. https://www.chainalysis.com/blog/crypto-hacking-stolen-funds-2024
- Chainlink Docs. "Decentralized Oracle Networks." https://docs.chain.link/docs/
- Chainlink Labs. "What Is Chainlink?" https://chain.link/education
- Circle. "What Is USDC?" https://www.circle.com/en/usdc

- CNN Business. "Coincheck Cryptocurrency Exchange Hack in Japan." CNN, January 29, 2018. https://money.cnn.com/2018/01/29/technology/coincheck-cryptocurrency-exchange-hack-japan/index.html
- Coin Bureau. "Cryptocurrency Margin Trading: Everything You Need to Know." https://coinbureau.com/education/cryptocurrency-margin-trading
- CoinDesk. "The Genesis Block: The First Bitcoin Block." https://www.coindesk.com/learn/the-genesis-block
- CoinDesk. "Vietnam Investigates ICO Fraud After $660 Million in Losses." CoinDesk, April 11, 2018. https://www.coindesk.com/markets/2018/04/11/vietnam-investigates-ico-fraud-after-660-million-in-losses-reported
- Coinbase. "Coinbase Wallet Security." https://www.coinbase.com/security/wallet-security
- Coinbase. "What Is a Crypto Wallet?"
- Coinbase. "What Are Ethereum Layer 2 Blockchains and How Do They Work?" https://www.coinbase.com/learn/crypto-basics/what-are-ethereum-layer-2-blockchains-and-how-do-they-work
- CoinLedger. "Best Crypto Tax Software in 2024." https://coinledger.io/tools/best-crypto-tax-software
- CoinLedger. "IRS Crypto Cost Basis Reporting Requirements (Rev. Proc. 2024-28)." https://coinledger.io/blog/irs-new-crypto-cost-basis-rules-rev-proc-2024-28
- CoinMarketCap. "Bitcoin Halving." https://coinmarketcap.com/halving/bitcoin/
- CoinMarketCap. "Cryptocurrency Market Capitalizations." https://coinmarketcap.com/charts/
- CoinMarketCap. "Top Cryptocurrency Exchanges by Volume." https://coinmarketcap.com/rankings/exchanges/
- CoinMarketCap. "Top DeFi Tokens by Market Capitalization." https://coinmarketcap.com/view/defi/
- CoinMarketCap. "Technical Analysis/Trend Analysis (TA)." https://coinmarketcap.com/academy/glossary/technical-analysis-trend-analysis-ta
- CoinTelegraph. "Top 5 Ways to Earn Passive Income with Crypto in 2025." https://cointelegraph.com/learn/articles/ways-to-earn-passive-income-with-crypto
- Cointelegraph. "The Mt. Gox Bitcoin Heist, and Why It Still Matters." https://cointelegraph.com/learn/articles/the-mt-gox-bitcoin-heist
- Cosmos Network. "Cosmos Whitepaper." https://cosmos.network/whitepaper
- CryptoSlate. "Satis Group Report: 78% of ICOs Are Scams." https://cryptoslate.com/satis-group-report-78-of-icos-are-scams/
- Decentraland Docs. "What Is Decentraland?" https://docs.decentraland.org/
- dYdX Foundation. "What Is dYdX?" https://dydx.foundation/
- Electric Coin Company. "Zcash: Privacy-Protecting Digital Currency." https://z.cash
- Estonian Government eHealth Foundation. "Blockchain and Healthcare." https://e-estonia.com/blockchain-healthcare-estonian-experience/

- ETF Market Insights. "Benefits of a Core-Satellite Investment Approach." https://etfmarketinsights.com/blog/benefits-of-a-core-satellite-investment-approach/
- Ethereum Foundation. "The Merge." https://ethereum.org/en/upgrades/merge/
- Ethereum.org. "Ethereum Whitepaper." https://ethereum.org/en/whitepaper/
- Fear and Greed Index. https://alternative.me/crypto/fear-and-greed-index/
- Federal Bureau of Investigation (FBI) Internet Crime Complaint Center (IC3). "Public Service Announcement: Increase in Crypto-Related Scams Targeting Americans." https://www.ic3.gov/PSA/2025/PSA250226
- Federal Reserve History. "The Great Recession and Its Aftermath." https://www.federalreservehistory.org/essays/great-recession-and-its-aftermath
- Filecoin Foundation. "What Is Filecoin?" https://filecoin.io
- Forbes. "What Crypto Investors Should Know About the IRS Tax Regime for 2025." https://www.forbes.com/sites/digital-assets/2024/07/07/what-crypto-investors-should-know-about-the-irs-tax-regime-for-2025
- Forbes. "What Is DeFi?" https://www.forbes.com/sites/digital-assets/article/what-is-defi/
- Gemini. "User Insurance and Security Practices." https://www.gemini.com/security
- Genesis Block - farawaystars. https://farawaystars.com/bitcoin-genesis-block/
- Harvard Business Review. "The Truth About Blockchain." https://hbr.org/2017/01/the-truth-about-blockchain
- IBM. "What Are Smart Contracts?" https://www.ibm.com/topics/smart-contracts
- IBM. "What Is Blockchain Technology?" https://www.ibm.com/topics/what-is-blockchain
- Independent. "Floyd Mayweather and DJ Khaled Fined Over Cryptocurrency ICO Scam." Independent, 2024. https://www.independent.co.uk/tech/floyd-mayweather-dj-khaled-cryptocurrency-ico-scam-bitcoin-centra-tech-sec-a8595971.html
- Investopedia. "Dollar-Cost Averaging (DCA) Explained." https://www.investopedia.com/terms/d/dollarcostaveraging.asp
- Investopedia. "Smart Contracts: What You Need to Know." https://www.investopedia.com/terms/s/smart-contracts.asp
- IRS. "401(k) Limit Increases to $23,500 for 2025, IRA Limit Remains $7,000." IRS, 2024. https://www.irs.gov/newsroom/401k-limit-increases-to-23500-for-2025-ira-limit-remains-7000
- IRS. "Digital Assets." Internal Revenue Service. https://www.irs.gov/filing/digital-assets
- IRS. "Treasury, IRS Issue Final Regulations Requiring Broker Reporting of Sales and Exchanges of Digital Assets." https://www.irs.gov/newsroom/treasury-irs-issue-final-regulations-requiring-broker-reporting-of-sales-and-exchanges-of-digital-assets-that-are-subject-to-tax-under-current-law-additional-guidance-to-provide-penalty-relief-address

- JPMorgan Chase. "Kinexsys by J.P. Morgan." https://www.jpmorgan.com/kinexys/index
- Larva Labs. "CryptoPunks." https://www.larvalabs.com/cryptopunks
- Ledger. "Hot Wallet vs Cold Wallet: What's the Difference?" https://www.ledger.com/academy/topics/security/hot-wallet-vs-cold-crypto-wallet-whats-the-difference
- Litecoin Foundation. "About Litecoin." https://litecoin.org
- Los Angeles Times. "Mt. Gox Bankruptcy and Bitcoin Loss." LA Times, February 28, 2014. https://www.latimes.com/business/technology/la-fi-tn-mt-gox-bankruptcy-bitcoins-20140228-story.html
- MakerDAO. "How DAI Works." https://makerdao.com/en/whitepaper/
- Monero.How. "How Monero's Privacy Works." https://www.monero.how/how-does-monero-privacy-work
- Monero Project. "Monero: Private Digital Currency." https://www.getmonero.org/resources/moneropedia/
- Multi-Signature (Multi-Sig) Wallets in Cryptocurrency: Enhancing Bitcoin Security and Flexibility. https://www.tftc.io/multi-signature-multi-sig-wallets-in-cryptocurrency-enhancing-bitcoin-security-and-flexibility/
- Nakamoto, Satoshi. "Bitcoin: A Peer-to-Peer Electronic Cash System." https://bitcoin.org/bitcoin.pdf
- Nasdaq. "How Bitcoin Fear and Greed Index Trading Strategy Beats Buy-and-Hold Investing." https://www.nasdaq.com/articles/how-bitcoin-fear-and-greed-index-trading-strategy-beats-buy-and-hold-investing
- NBA Top Shot. https://nbatopshot.com/
- Netflix. *Biggest Heist Ever.* Documentary. Directed by Seth Porges. Released 2024. https://www.netflix.com
- Netflix. *Bitconned.* Documentary. Directed by Bryan Storkel. Released January 2024. https://www.netflix.com
- NinjaTrader. "Cryptocurrency Futures Trading Strategies." https://ninjatrader.com/futures/blogs/cryptocurrency-futures-trading-strategies
- NIST. "Digital Identity Guidelines." https://pages.nist.gov/800-63-3/
- OSL. "How to Rebalance a Cryptocurrency Portfolio Effectively." https://osl.com/academy/article/how-to-rebalance-a-cryptocurrency-portfolio-effectively
- PancakeSwap Docs. "Getting Started with PancakeSwap." https://docs.pancakeswap.finance/
- Polkadot Network. "Polkadot Wiki." https://wiki.polkadot.network/
- Protocol Labs. "Filecoin Documentation." https://docs.filecoin.io/
- RealT. "Tokenized Real Estate Investment Platform." https://realt.co/
- Reuters. "Crypto Hackers Stole Around $1.7 Billion in 2023." Reuters, January 24, 2024. https://www.reuters.com/technology/cybersecurity/crypto-hackers-stole-around-17-bln-2023-report-2024-01-24

- Shift Markets. “What Is a Hybrid Crypto Exchange?” ShiftMarkets.com. https://www.shiftmarkets.com/blog/what-is-a-hybrid-crypto-exchange
- Shrimpy. "Automated Portfolio Management for Crypto Investors." https://www.shrimpy.io
- Solana Foundation. "Solana Documentation: Proof of History." https://solana.com/docs
- Synthetix Docs. "What Are Synthetic Assets?" https://docs.synthetix.io/
- TechCrunch. "Bitconnect, Accused of Running a Ponzi Scheme, Shuts Down." TechCrunch, January 16, 2018. https://techcrunch.com/2018/01/16/bitconnect-which-has-been-accused-of-running-a-ponzi-scheme-shuts-down
- Tether. "Transparency and Reserves.” https://tether.to/en/transparency/
- The Guardian. "QuadrigaCX Canada Cryptocurrency Exchange Locked Funds." The Guardian, February 4, 2019. https://www.theguardian.com/technology/2019/feb/04/quadrigacx-canada-cryptocurrency-exchange-locked-gerald-cotten
- The Nitty-gritty of Bitcoin Mining: How Exactly Does it Work? - UPay Blog. https://blog.upay.best/the-nitty-gritty-of-bitcoin-mining-how-exactly-does-it-work/
- The Sandbox. "Virtual Land Economy." https://www.sandbox.game/en/land/
- The Wall Street Journal. "Bitcoin Is Surging, and the IRS Is Watching Closer Than Ever." https://www.wsj.com/personal-finance/taxes/the-hardest-part-of-cashing-in-bitcoin-is-getting-the-taxes-right-88f85487
- THORChain Docs. "Cross-Chain Liquidity Protocol." https://docs.thorchain.org/
- TradingView. "Bitcoin Dominance Chart." https://www.tradingview.com/symbols/CRYPTOCAP-BTC.D/
- Trakx. “Bitcoin Pizza Day: The $680 Million Pizza Order That Made History.” Trakx.io. https://trakx.io/resources/insights/bitcoin-pizza-day/#:~:text=Bitcoin%20Pizza%20Day%2C%20celebrated%20every,first%20step%20into%20everyday%20commerce.
- Trezor. "Trezor Hardware Wallet Models." https://trezor.io/compare
- Trust Wallet. "Trust Wallet: Secure Multi-Coin Wallet." https://trustwallet.com/
- U.S. Department of the Treasury. "Troubled Asset Relief Program (TARP)." https://home.treasury.gov/data/troubled-assets-relief-program
- Uniswap Docs. "What Is Uniswap?" https://docs.uniswap.org/
- Wallet Guard. "Protecting Web3 Users from Phishing and Fraud." https://walletguard.app/
- Washington Post News. "Bitcoin Mining: Understanding the Backbone of Bitcoin's Blockchain." https://wpostnews.com/bitcoin-mining-understanding-the-backbone-of-bitcoins-blockchain/
- Web3 Foundation. "Introduction to Polkadot." https://polkadot.network/Polkadot-whitepaper.pdf
- World Economic Forum. "The Future of Financial Infrastructure." https://www3.weforum.org/docs/WEF_The_future_of_financial_infrastructure.pdf

- Yahoo Finance. "FTX's Collapse Wiped Out $200 Billion." Yahoo Finance, 2024. https://finance.yahoo.com/news/ftxs-collapse-wiped-200-billion-154835453.html
- Yearn Finance. "About Yearn." https://docs.yearn.finance/
- Zcash Docs. "zk-SNARKs Explained." https://z.cash/technology/zksnarks/
- 3Commas. "Smart Trading Terminals and Automated Bots." https://3commas.io

Made in United States
Troutdale, OR
11/03/2026

56847564R00100